景观植物

识别与应用

刘海桑 著

机械工业出版社

CHINA MACHINE PRESS

本书以740张照片展示了542种景观植物，重点介绍了石松类和真蕨类7科12种、裸子植物8科45种、被子植物115科397种的学名、分布、识别、栽培、特色与应用，并澄清了以往分类学文献的相关错误；还以图解形式介绍了景观植物的十大造景功能及其配置原则、程序和技巧。

本书是一本参照PPG I、APG4等排列的图册，可供植物学、观赏园艺、园林（景观、环艺）专业的师生，景观设计者以及花卉爱好者学习参考。

图书在版编目（CIP）数据

景观植物识别与应用 / 刘海桑著. —北京：机械工业出版社，2020.4
ISBN 978-7-111-65158-1

Ⅰ.①景… Ⅱ.①刘… Ⅲ.①园林植物—识别 Ⅳ.①S688

中国版本图书馆CIP数据核字（2020）第049416号

机械工业出版社（北京市百万庄大街22号 邮政编码100037）
策划编辑：闫云霞 责任编辑：闫云霞
责任校对：张玉静 封面设计：张 静
责任印制：李 昂
北京瑞禾彩色印刷有限公司印刷
2020年6月第1版第1次印刷
184mm×260mm·16.5印张·368千字
标准书号：ISBN 978-7-111-65158-1
定价：98.00元

电话服务	网络服务
客服电话：010-88361066	机 工 官 网：www.cmpbook.com
010-88379833	机 工 官 博：weibo.com/cmp1952
010-68326294	金 书 网：www.golden-book.com
封底无防伪标均为盗版	机工教育服务网：www.cmpedu.com

在参加景观设计评标或项目评审时，时常遇到景观植物的误用（拉丁学名与图片不一致）、滥用（使用过多、过密——既影响设计效果，又导致浪费，还会诱发日后的病虫害）、盲用（不考虑现场的条件或未能体现该植物的特色，易造成安全隐患）和乱用（未考虑当地的气候类型）。为便于读者识别常见的景观植物并正确应用，笔者编写了本书。

本书第 1 章介绍了景观植物的十大造景功能；并结合以往的设计、施工与养护经验，以图文形式解析了景观植物的 11 种基本配置方式，景观类型，景观植物配置的原则、程序与技巧等内容。第 2 章重点介绍了石松类和真蕨类 7 科 12 种、裸子植物 8 科 45 种、被子植物 115 科 397 种植物的完整学名、主要异名、分布、识别、栽培、特色与应用。此外，也澄清了以往分类学文献（如《中国植物志》和《Flora of China》）中关于南洋杉科、番荔枝科、楝科、棕榈科等的相关分类学错误。本书中植物的中文名主要以《中国植物志》和《Flora of China》为准，但鉴于前面所述分类学错误，以及这两本专著中葡萄科与大戟科、豆科与凤仙花科、大戟科与爵床科、紫葳科与紫金牛科等出现多处异物同名的情况，故引用《观赏棕榈》等参考文献的中文名，如无从引用的，则新拟中文名。

以往的图书大多按照恩格勒系统或哈钦松系统编写，随着 APG 系统的完善，原有的编写方式有了较大局限性。因此，本书的被子植物采用 APG4（Angiosperm Phylogeny Group，被子植物种系发生研究组建立的被子植物分类系统的第 4 版），依据姐妹群的对称性，为便于读者使用，将单子叶植物置于本书结尾。裸子植物采用克里斯滕许斯裸子植物系统。石松类和真蕨类采用 PPG I（Pteridophyte Phylogeny Group，蕨类植物种系发生研究组建立的蕨类植物分类系统的第 1 版）。为便于读者区分同一个科（或亚科）中形态相近的类群，本书将它们置于相邻位置。

本书是笔者对自己近 30 年关于景观植物分类鉴定、引种驯化与应用推广工作的总结，涵盖了来自我国黑龙江至云南、新疆至港澳台地区以及北美洲、南美洲、欧洲、非洲、大洋洲和亚洲其他地区的 130 科 542 种景观植物，计 740 张照片。

最后，感谢各级领导对笔者的支持，特别感谢北京植物园园长赵世伟博士，忠仑公园主任廖启炴研究员，厦门园林植物园张万旗主任、陈恒彬副总工、阮志平博士、蔡邦平研究员、周群高级工程师、中国科学院华南植物园廖景平研究员、郭秀丽博士，深圳市中国科学院仙湖植物园副主任张寿州博士、中国科学院西双版纳热带植物园胡建湘部长等提供的帮助，也特别感谢家人长期的关心、支持与帮助。

联系方式：Email：palmae@163.com，微信公众号：决策情报学。

目 录
Contents

第 *1* 章
景观植物的营境功能与
配置技巧

景观植物是指具有营境功能的植物。营境，即改善环境，就客体而言，以环境转好或更好为标志；就主体而言，以感觉和心觉获得愉悦的感受为标志。景观植物具有多种营境功能，例如，有的不仅提升景观效果，也起到了水土保持的作用。景观植物具有十大造景功能：表现时间变化、穿越空间、分隔空间、构筑园林地貌、衬托景物、香化、果化、观赏、表达人文意境、营造特殊景观。

1.1 表现时间变化

1.1.1 表现季相变化

景观植物可以通过落叶前的叶色变化表现季相变化，如金酸枣（图1）、鸡爪槭等（详见第2章）。

景观植物还可以开花结果等表现季相变化。如厦门，长势旺盛的麦氏皱籽椰（见本书P237）夏天始花，能陆续开出一二十个花序，秋季果实陆续成熟，鲜红夺目，花序、果序并存，呈现出源源不断的金秋景象。

1.1.2 表现漫长的岁月变化

裸子植物的百岁兰（图2）终身只有一对叶片，叶片随植株的寿命可达两千年，居世界之冠。

加那利枣椰历经10年才有1m高的茎干，可谓十年"磨"一茎。昆明有两株树龄150年的加那利枣椰，是国内最高的两株加那利枣椰（图3）。台湾枣椰比加那利枣椰生长更慢，树干残存大量叶基，更显沧桑，世界最高的台湾枣椰高达9m（图4）。

图1 金酸枣　　图2 百岁兰　　图3 加那利枣椰　　图4 台湾枣椰

1.1.3 表现生命周期的轮回

少数多年生植物，一旦开花，整株或其一部分就开始凋亡，称为一次开花结果的植物，包括，顶生花序型——花序生于茎干顶端，如金边伪龙舌兰（见本书P225）和贝叶棕

（图5），向地花序型——侧生花序从上而下发生，如棕榈科的孔雀椰和桃椰（见本书P233）。

一次开花结果植物中，单干型的植物（如贝叶棕、桃椰和孔雀椰）一旦开花，整株就转入生殖生长并逐渐凋亡，其中，贝叶棕寿命长达40~80年，而金边伪龙舌兰的寿命较短，笔者于1999年设计、种植的金边伪龙舌兰于2013年开花；丛生型的植物（如中东矮棕、香桃椰和短穗鱼尾椰）由于只有开花的茎干转入生殖生长并逐步凋亡，尚未开花的茎干仍将保持营养生长而使得植株的生命得以延续。因而，在园林设计时，应充分考虑拟用景观植物是多次还是一次开花结果，是单干型还是丛生型。

顶生花序型的植物，通常花序巨大，如金边伪龙舌兰的花序高达6m（见本书P225），远超植物营养体的高度，有较强的视觉震撼力，而贝叶棕高达7m、直径10m的顶生花序更呈现出"凤凰涅槃"的壮观（见图5）。

向地花序型的植物，从上到下会呈现出果实累累、盛花、花蕾的生命周期的更迭交替，其中，孔雀椰的花序长达3m，花朵密集，如瀑布下泻（见图6）。

1.1.4 表现停滞的时间

有的植物生长极为缓慢。例如，世界上种子最大、重达20kg的植物——巨籽棕（图7），需二三十年才形成明显的茎干，需六七年果实才成熟，让人感到时间似乎停滞了。又如，酒瓶椰（见本书P237）从播种到花序开始形成约需20年，从花序开始形成到开花、从开花到种子成熟各需一年半，让人感到以欲获而不得。

1.2 穿越空间

将具有强烈地域特征的某些植物配置于其他地域，可让游客产生穿越空间的感受。例如，将海岛植物——椰子（见本书P235）配置于热带内陆地区，将地中海植物——加那利枣椰配置于中国北亚热带地区。

可将同一家族但原产地不同的植物配置在一起，如将形态各异、产地不同的加那利枣椰（原产加那利岛）、湿生枣椰（原产东南亚）、非洲枣椰〔原产热带非洲，（见本书P232）〕、软叶枣椰（原产中国云南和老挝，图8）、枣椰（原产西亚和北非，图9）、岩枣椰（原产印度）和台湾枣椰（原产中国台湾等地）配置在一起，穿越了非洲、西亚、南亚、东南亚和东亚，让游客产生遥远世界已变得如此之近之小的新奇感受，又有此景包容大千世界的豁达感受。

图5 贝叶棕

图6 孔雀椰

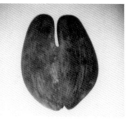
图7 巨籽棕

图8 软叶枣椰

1.3 分隔空间，优化景观

景观植物可用于分隔空间、优化景观，如用于隔离带的绿化美化，进行上、下行车道，快、慢车道，人、车行道的分隔。根据《城市道路绿化规划与设计规范》CJJ75—97，隔离带宽度小于1.5m时，不宜种植乔木，否则不利于乔木的根系生长，也不利于交通。笔者调查发现，双层公交车途经狭窄隔离带时，隔离带的大乔木的枝条就会刮擦公交车而发出巨大响声，如果车窗未关，还有安全隐患。

普通乔木的根系由于有次生生长，根系会不断地增粗并向远处伸长，当生长条件良好时，根系可伸长至树冠滴水线下方。但棕榈科与普通树木不同，没有次生生长，故根系的生长范围有限，且树冠较小，因而，狭窄隔离带（宽度1.5m以下，下同）只限于种植灌木，或者种植乔木状或灌木状的棕榈科植物（图10），对于台风频发城市，更应如此，否则易出现因台风引发的树木倒伏所导致的交通瘫痪以及次生灾害。

大王椰和裙棕是抗风性最强的树种。2016年，莫兰帝台风（超强台风，阵风达17级）登陆厦门，不少路段交通瘫痪，而隔离带种植大王椰的金尚路没有受到影响。笔者对1999年的9914号强台风调查中发现裙棕毫发无损——没有一株倒伏、倾斜、折断或扭曲。

此外，由于棕榈科植物无须修剪或很少修剪，不影响车辆通行。

中型丛生型植物（如大佛肚竹、三药槟榔、黄椰、麦氏皱籽椰），小型丛生型植物（如矮琼棕），以及修剪成不同造型的垂叶榕、九里香、黄金榕、金叶假连翘，可用作树篱、矮篱以构筑闭合或半闭合的园林空间，既丰富了景观层次，又增添了景观内容。其中，丛生型棕榈植物的耐荫性强，更适合作绿篱。

需注意的是，不少地方在路口隔离带种植灌木和/或乔木（图11），遮挡了驾驶员的视线，造成安全隐患。此时只宜种植地被植物，或最多种植树冠已高于行人和驾驶员视线的单干型棕榈植物。

图9　枣椰

图10　大王椰

图11　造成安全隐患的配置方式

1.4 构筑园林地貌

园林中常以挖低叠高来加强地形的起伏变化，但工程量巨大，既不经济，又浪费时间，如用茎干细长的植物种植于地势较高处，则既能增强地势的起伏，又能衬托出所植材料的俊秀挺拔。

棕榈植物通常不分枝，树冠小，如裙棕，树高与树冠直径比可达5倍以上，与其他双子叶树木相比，具有更佳的强化地势起伏的作用。又如，紫花假槟榔的茎干因无次生生长，始终不会增粗，树高与胸径之比可达100多，不但能更好地强化地势的起伏，还能突出自身的苗条秀丽。

1.5 与景物相互衬托

叶片宽大、坚挺的景观植物质感粗、硬，例如，掌状叶棕榈植物的质感通常粗且硬。因而，将大果长穗棕、壮蜡棕、壮裙棕、裙棕、棕榈等掌状叶棕榈植物植于水体边，不仅能反衬出水体平湖似镜、宁静安逸，也能体现出这些植株的刚劲有力（图12~图13）。又如，龙舌兰属的大部分种类（见本书P226）的质感粗且硬，配置于车流穿梭的街道，不仅能彰显植物自身的坚韧有力，也能衬托车流穿梭的街区的活力。

图12 裙棕（仅右起第7株）和　　　图13 棕榈　　　　　　　　图14 孔雀椰
壮裙棕

叶片细长、下垂的景观植物质感细、软，因而，将它们环植于水体边，则能映衬出水体的柔美秀丽。譬如，将垂柳（见本书P110）或孔雀椰配置于水体边，不仅画面柔美，而且可以给人安静、安逸、安怡的感受（图14）。再如，可据水体大小及周围地形，种植株高均等的狐尾椰（图15）或软叶枣椰，柔软鲜绿的叶随风拂动，如一把把梳子在为水体梳妆打扮，水面波光粼粼，两者交相辉映，亮丽迷人。若将两种株高的紫苞冻椰等距相间种植于水体边，那么，它们的拱形叶所组成的树冠自然形成一道波浪线，水体似被延伸。

山石配以质感硬或软的景观植物是一种最佳的虚实表现手法。如在山石脚前配置毛花轴榈，因其楔形裂片的树冠通透明了，不但不会喧宾夺主，斑驳的叶色反而形成了活泼的景观，增加了山石的灵气——仿佛是与该植株从地下一同长出。又如，将枝叶下垂的植物，如龙爪榆或龙爪槐与山石相配，则有另一番景象。再如，将酷似人工修剪的红果轴榈定植于半球形的石钵中，两者相映成趣（图16）。

在建筑物前种植景观植物，可以遮掩建筑物生硬的直线条、棱角，尤其种植质感软的棕榈植物，如大王椰、软叶枣椰、酒瓶椰、黄椰（图17），还能起到柔化作用。在草地与建筑物之间种植麦氏皱籽椰、黄椰等中型丛生型棕榈植物，还能增加景观层次，起到良好的过渡作用（见本书P237）。质感硬的大型棕榈植物，如霸王棕、裙棕（图18），种植于高大的建筑物前则能增强建筑物宏伟的气势。

利用景观植物构筑框景，与景物相互衬托。如把棍棒椰植于景墙的扇形窗框后面，使它的冠茎正对窗框，其略呈葫芦形的冠茎能衬托窗框的秀美，窗框则能突出棍棒椰奇特的冠茎，两者浑然一体（图19）。

图15　狐尾椰

图16　红果轴榈

图17　黄椰

图18　裙棕（一）

图19　棍棒椰构筑的框景

图20　香桃椰

1.6　香化

部分景观植物开花时释放出香气——香化。木犀的香味则因品种而异，其中，金桂（见本书P181）的香味最浓，也是用作食品香料的来源，丹桂（见本书P181）的香味次之，四季桂的香味最淡；含笑花能释放出沁人心脾的香味，从中午开始放香，到晚上逐渐淡去直至无味，往复数日。香桃椰（图20）的香味是棕榈植物中最浓的。

依据香气的浓淡与可接受度，景观植物释放的香气可分为淡香、浓香和烈香。淡香是指香味较清淡，往往要距离较近或在室内才能闻到，人们都能接受该香味，例如，兰花的香味一般属于淡香。浓香是指香味较浓郁，但人们仍能接受该香味，如含笑花和金桂的香味。烈香是指香味非常浓烈，至少有一部分人无法接受，如夜来香、糖胶树，医院以及需要调香的企业（如烟厂）应对其禁用。

1.7 果化

景观植物果化是指用果实可食的景观植物（即观赏果树）营境。观赏果树与观果植物有所差异——前者的主要观赏价值未必在于果实，如星萍果，观赏价值主要是锈色的枝叶（见本书 P161）；后者果实未必可食（如猫尾木，图 50）。

果实的基本风味为甜（如人心果）、酸（如大叶藤黄）、香、涩（果实未成熟较明显）、苦。其中，香味分为清香（包括大部分水果，如苹果、香蕉、柑橘类）、乳香［如鳄梨和椰子，（见本书 P235）］、焦香［如文定果，（见本书 P145）］、浓香［如金酸枣，（见本书 P134）］和烈香［如榴莲（见本书 P97）］。

1.8 观赏

1.8.1 观姿

观姿型景观植物是指株型具有显著观赏价值的植物，株型的观赏价值源于天然形成或人工修剪。前者具有自然整形美的树冠，旅人蕉型——不分枝，叶排成 2 列［如旅人蕉（见本书 P243）］；棕榈型——不分枝，叶非 2 列式聚生茎顶（如乔木状或灌木状棕榈植物，见图 15）；露兜树型——分枝，叶聚生茎顶，具大量支持根［如扇叶露兜树（见本书 P219）］；龙血树型——分枝，叶聚生茎顶，无支持根（如柬埔寨龙血树）；塔形——树冠轮廓为圆锥形，且侧枝明显分层排列［如诺福克南洋杉（见本书 P38）］；圆锥形——树冠轮廓为圆锥形，但侧枝无明显分层［如圆柏（见本书 P42）、垂枝暗罗（见本书 P57）］。此外，黄山松（见本书 P50）、加勒比合欢（见本书 P73）、小叶榄仁（见本书 P121）等植物的株型也具有显著观赏价值。

观姿型景观植物往往可构筑影景景观、剪影景观等特殊的景观（详见本章"1.10.4"）。

属于观姿型的景观植物在配置时，应避免密植，否则不仅不利于植物生长，也破坏了植物的株型，无法达到预期的景观效果。例如，将小叶榄仁过密种植，不符合种植规范，也浪费钱。

1.8.2 观根

观根型景观植物是指根生长于地面之上而具有显著观赏价值的植物，这些根称为气生根（图 21）。气生根通常从主干或树枝生出，当其向下生长并扎入地面时，就形成支持根（图 22）。当茎干底部与地面分离时，支持根成为支柱根（图 23）。观根型景观植物有桑科的榕树、高山榕、斜叶榕，露兜树科的扇叶露兜树（见本书 P219），棕榈科的根柱凤尾椰、高根柱椰。其中，榕树、高山榕可以构成独树成林的特殊景观，斜叶榕等可以构成绞杀植物的特殊景观——被绞杀的树木枯死、消失，形成中空的结构（图 24）。

   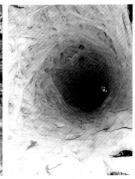

图 21　榕树的气生根　　图 22　榕树的支持根　　图 23　高根柱椰的支柱根　　图 24　斜叶榕的气生根

1.8.3　观茎

观茎型景观植物是指茎干具有显著观赏价值的植物，包括茎干高大、粗大、膨大、光滑或具有各种附属物的植物。

1. 茎干高大雄壮或粗壮不凡

少数景观植物的茎干非常高大或粗壮。例如，菜王椰和巨蜡椰分别可高达 40m 和 60m，由于它们的树冠较小，故显得十分高大、有气势。智利蜜椰和猴面包树的茎干粗可达 2m 以上。

2. 茎干通直或弯曲、扭转

部分景观植物的茎干通直（如加那利枣椰、假槟榔和菜王椰）或枝干弯曲、扭转（如凤凰木和紫薇）。

3. 茎干膨大而呈优美的流线型

少数景观植物的茎干膨大而呈流线型，如非洲糖棕、王银叶棕、棍棒椰、瓶干树、酒瓶椰、大王椰、刺瓶椰、酒樱桃椰和瓶棕。与上述植物不同的是，酒瓶兰（图 25）的茎干于基部显著膨大。

4. 彩色树干

大部分植物的树干都呈灰褐色，少数木本植物的茎干没有树皮或因具冠茎而呈彩色，例如，大佛肚竹（见本书 P242）的茎为绿色，红椰（见本书 P235）、橙槟榔（图 26）、红颈马岛椰的冠茎分别为红色、橙色、红褐色。

5. 茎干光滑、具叶痕或叶基

少数景观植物的茎干非常光滑［如柠檬桉，（见本书 P127）］，或者，具酷似人工雕琢而成的叶痕或叶基。

具显著观赏价值的叶环痕的种类主要是某些棕榈科植物［如麦氏皱籽椰（见本书 P237）］和禾本科的竹子（如大佛肚竹）。禾本科的叶环痕上端特称为秆环，下端特称为鞘环，秆环和鞘环之间称为节内。禾本科的茎干通常称为秆，但在竹子中称为竿。有的将棕榈科的茎干称为秆，并不准确。

具有显著观赏价值的叶痕或叶基的植物是某些棕榈科植物，如，加那利枣椰、橙枣椰、软叶枣椰分别具扁菱形的叶痕和叶基、梯形叶基、钻形叶基（图 27、图 28）。

图25 酒瓶兰

图26 橙槟椰

图27 橙枣椰

图28 软叶枣椰

通常，节间较短（或叶基的间距较小），说明该植物生长速度较慢，例如，加那利枣椰的生长明显慢于橙枣椰和软叶枣椰。

6. 茎干具刺、纤维或叶裙

少数景观植物的茎具刺、毛或叶裙，成为特殊"装饰物"，例如，刺瓶椰和金琥的茎干都布满了刺；长发银叶棕、长发马岛椰的茎具长纤维（图29、图30）；剑叶龙血树、壮裙棕、裙蜡棕和裙棕等植物披覆枯叶（图31、图32），有的可形成枯叶裙，其中，裙棕的叶裙最长，可达20m，非常壮观。

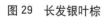
图29 长发银叶棕

图30 毛发马岛椰

图31 剑叶龙血树

图32 裙蜡棕

1.8.4 观叶

观叶型景观植物是指叶片具有显著观赏价值的植物——大型叶、叶形奇特或叶色艳丽多彩。

1. 色叶植物

色叶植物是指植物的叶片具有绿色之外的彩色。就叶片色彩所持续的时间而言，分为季节性色叶植物和四季型色叶植物。季节性色叶植物是指植物落叶前呈现出特殊的色彩，如鸡爪槭（见本书P136），或抽生的新叶呈现出特殊的色彩，如红鳞蒲桃（见本书P129）、红叶石楠（见本书P87）和大果红心椰（图33）。四季型色叶植物是指植物的叶片一年四季都具有绿色以外的特殊色彩，如红脉竹芋（见本书P248）。

就叶片色彩所占的比例而言，分为全色叶植物（如黄金榕见本书P91）和斑色叶植物［如金边龙舌兰（见本书P226）］，

就叶片表面和背面的色差而言，分为同色叶和异色叶植物，后者如银叶栉花竹芋（图34）。

就叶片色彩种类而言，分为暖色系（使人兴奋，包括红色系、橙色系和黄色系）、冷色系（使人安静，即蓝色系）和中性色系（包括既不偏蓝也不偏黄的绿色系、既不偏蓝也不偏红的紫色系）。

红色系，如叶鞘、叶柄和叶轴均为红色的红椰（见本书P235），紫红色的红花檵木（见本书P68）、紫锦木（见本书P114）。

橙色系，从橙红色至橙黄色，如叶鞘和叶柄均为橙色的橙槟榔（见图26）。

黄色系（包括黄绿色），但不包括橙黄色，如叶片金黄色的黄金榕、金叶假连翘（见本书P203）。

蓝色系，包括蓝绿色、灰蓝色、蓝紫色和蓝黑色，如中东矮棕、霸王棕（见本书P228）和黑晶观音莲（图35）。

紫色系，即紫色，不包括紫红色（属于暖色系）和蓝紫色（属于冷色系），如紫竹梅（图36）。

色叶植物一般会让人感受到新奇，起到画龙点睛的作用，而绿色是对人眼较为柔和的颜色，所以在设计时，应掌握好色叶植物的占比，例如，儿童乐园可以多用色叶植物，医院所用色叶植物应恰到好处。

图33　大果红心椰　　　图34　银叶栉花竹芋　　　图35　黑晶观音莲　　　图36　紫竹梅

2. 叶型各异

景观植物的叶型各异［少数种类还具异形叶，如枸骨（见本书P207）］，例如，五加科的叶具有不同的分裂方式和复叶类型。掌状深裂如八角金盘，掌状近全裂如五爪木，裂片再浅裂如通脱木，环状分裂如刺通草，掌状复叶、小叶全缘如辐叶鹅掌柴，掌状复叶、小叶具齿如孔雀木，羽状复叶如幌伞枫（见本书P210~P214）。

棕榈科几乎具有除复叶之外的各种叶型：一回羽状分裂（见图33）、复羽状分裂（见

图15)、二回羽状分裂（见图14）、近轴分裂（图37）、二叉状分裂（图38）、掌状浅裂（图39）、掌状深裂（见图13）、掌状近全裂（见图16）或不分裂（图40~图42）。其中，乔木状掌状叶棕榈植物常具雄浑劲健之美，羽状叶棕榈植物具典雅清奇之美。

3. 巨叶植物

巨叶植物是指叶片巨大，长度或宽度达到 2 m 以上的植物。由于大部分植物的叶片长 20 cm 左右，故巨叶植物的叶片远大于其他植物的叶片。就心理学而言，人或多或少在潜意识下都会把所观察的对象和自己进行对比，当对象的体量明显大于自己，就会觉得对象巨大。故巨叶植物无论在静态还是动态下都容易引发人的视觉关注，其景观效果表现为极富感染力。

巨叶植物主要是棕榈科的部分植物，例如，东非酒椰的叶长达 20m（图43），王酒椰的叶长达 25.18m——世界上最长的叶，孔雀椰的叶则宽达 4m；鹤望兰的旅人蕉科、苏铁科和桫椤科的部分种类也属于巨叶植物（详见第 2 章）。

图 37 马岛窗孔椰 　　图 38 银玲珑椰 　　图 39 太平洋棕 　　图 40 银菱叶棕

图 41 圆盾叶轴榈 　　图 42 单羽桃椰 　　图 43 东非酒椰 　　图 44 兜兰

1.8.5 观花（或花序、球花）

观花型景观植物是指具大型、独特或艳丽多彩的花（或花序、球花）的植物。

1. 花型各异

少数景观植物的花（或花序、球花）的类型独特——呈特殊的形状或具特殊的构造，如兜兰的唇瓣呈深囊状（图44），三褶虾脊兰的唇瓣与整个蕊柱翅合生，似正在做体操的小孩（见本书P220），耧斗菜的花瓣具长距（见本书P61），西番莲属外副花冠为丝状（见本书 P107、P109），箭根薯和裂果薯的小苞片为线形（见本书 P218），网球花的花序呈球形，烟花爵床的花序似燃放的烟花（见本书 P186），越南篦齿苏铁的雄球花孢子叶紧密排列，酷似机器加工的（见本书 P30）。

2. 花色艳丽

景观植物的花（或花序、球花）五颜六色，分为暖色系、冷色系和中性色系（参见1.8.4）。当花同时具有两种构成互补色的颜色时，属于互补色系，此时的花特别鲜艳耀眼（图45）。以紫葳科为例，非洲凌霄、风铃木和吊灯树为红色系，火焰树、炮仗花和硬骨凌霄为橙色系，黄花彩铃木、黄花风铃木和黄钟花为黄色系，蓝花楹为蓝色系，连理藤和蒜香藤为紫色系（详见第2章）。

3. 大型花（或花序、球花）

棕榈科和龙舌兰科部分种类具大型花序（长度超过 2m），如孔雀椰、壮裙棕和长穗棕的花序可分别长达 3m、4m 和 6m，贝叶棕和矮贝叶棕的花序可分别高达 7m 和 9m，乳斑伪龙舌兰的花序则高达 12m。凤尾丝兰的花序虽不如前者的高大，但花大、排列紧密，且多次开花结果，更适合供游客合影留念。紫苞冻椰的佛焰苞大而鲜艳（图46）。

大部分植物的花的长度或直径小于 20cm（大王花属等原生种类和卡特兰属等植物的栽培品种除外）。有文献称巨魔芋的花是世界上最大的，这显然是误把整个花序当作一朵花。当巨魔芋的花凋谢后，就可以看到巨魔芋一个花序上有数以百计紧密排列的红色果实（图47）。

图 45　鹤望兰与互补色

图 46　紫苞冻椰

图 47　巨魔芋

1.8.6　观果（或果序、球果）

观果型景观植物是指具大型、独特或艳丽多彩的果（或果序、球果）的植物。部分观果型景观植物的果实可食。裸子植物没有花，也就没有由花的子房发育而来的果实，只有球果和种子。

1. 果型各异

在被子植物中，景观植物的外果皮光滑，或具棱［如红果仔（见本书 P128）］、针刺［如红木（见本书 P153）］、软刺［如钉头果（见本书 P176）］、锥刺（如榴莲）、翅［如翅荚决明（见本书 P79）］、长喙［如秤锤树（见本书 P164）］、瘤状物［如波罗蜜（见本书 P97）］、鳞片（如金刺椰）。

景观植物的果实形状各异，以紫葳科为例，吊灯树的似吊瓜；木蝴蝶的为带状；猫尾木的酷似猫尾（图48~图50），蓝花楹的似铜钱；十字架树的为球形；葫芦树的果实为卵球形；鱼雷果的先端尖而基部膨大；黄金树的为线形，黄花风铃木的为棒形；腊肠果的酷似香肠（见本书P199）。

图48　吊灯树　　　　　　　图49　木蝴蝶　　　　　　　图50　猫尾木

2. 果色多彩

景观植物的果（或果序、球果）五颜六色，以棕榈科为例，红色的如北澳椰，橙色的如非洲枣椰，黄色的如加那利枣椰，淡黄绿色如多蕊椰，深绿色的如蒲葵，淡蓝色的如棕榈，蓝色的如美丽蒲葵，紫红色的如软叶枣椰，紫黑色的如紫果皱籽椰，黑色的如裙棕，白色的如单雌棕。在所有的栽培植物中，观赏南瓜的形状和颜色最为丰富，常用于休闲农庄等的造景。

3. 大型果（或果序、球果）

大型的果实（或球果）是指果实（或球果）直径超过20cm，如巨籽棕、波罗蜜和榴莲。大型果序是指果序长度超过2m，如长穗棕的可达到6m，鱼尾椰和孔雀椰的均可超过3m。果在植株上的留存时间明显长于花的，果（或果序）的观赏价值较为长久，例如，巨籽棕的观果期长达七年。

1.9　表达人文意境

1.9.1　体现传统的人文意境

传统的景观植物，例如，梅、兰、竹、菊被誉为花中四君子——梅，寓意傲霜斗雪；兰，寓意谦谦君子；竹，寓意刚直不阿；菊，寓意恬然自处。又如，荷花被誉为"出淤泥而不染，濯清涟而不妖"。

其他的一些景观植物也早为古人所称颂。例如，唐朝诗人沈佺期到驩州（今越南义安省），就写了《题椰子树》诗。宋朝大诗人苏东坡到儋州，就写了《咏槟榔》诗。苏东坡喜爱椰子，甚至做椰子帽戴，自得其乐地吟咏道："更著短檐高屋帽，东坡何事不违时"，呈现出超凡脱俗、人与自然的融合。

1.9.2 引发强烈的人文意境

大型的植物器官可引发强烈的人文意境——乔木状掌状叶棕榈植物常具雄浑劲健之美，桫椤科植物、羽状叶棕榈植物等具典雅清奇之美。其中，孔雀椰长达6m的二回羽状叶似孔雀开屏，让人感受到气度非凡、胸怀坦荡；裙棕的枯叶裙长达20m，能给人历尽沧桑之感；加那利枣椰紧密排列的叶痕能给人万古长青之感；长穗棕开花后其下垂的花果序可长达6m，若种在地势较高处，宛如瀑布"飞流直下三千尺"。

图51 裙棕（二）

此外，刺瓶椰的茎密布刺则充满了神秘色彩。裙棕、壮裙棕的叶裂片之间有显著的白色卷曲的丝状纤维（图51），尤其是在心叶还未完全展开时，部分丝状纤维相连，能给人一种遐想万千的感受。

质感硬、茎干通直的巨叶植物，如霸王棕、长柄贝叶棕、糖棕，不仅能呈现一种朝气蓬勃向上的意境，也能寓意坚忍不拔、不屈不挠。

1.10 营造特殊景观

1.10.1 景观植物的基本配置方式

1. 孤植

孤植——表现树木个体美，分为单株孤植（单植）和数株紧密孤植（合植），后者往往形成一个看似一株的紧密单元。合植适合于体量不大，尤其茎干较细的树木，如单干型的棕榈植物。孤植要确保三个"突出"：位置突出——配置于艺术构图中心作为主景，或于自然式园路的转弯处、假山巨石或景墙边作为配景；体型突出——植株高大或茎干

图52 游客与孤植树（樟）的合影

粗大、能迅速被游客的目光所捕捉；观赏效果突出——具显著观赏价值，能长时间吸引游客的目光或吸引游客摄影留念（图52）。在狭小的空间，如别墅，也可用灌木、灌木状棕榈植物、修剪成灌木状的乔木盆景作为孤植树。

2. 对植

对植——将同一树种栽于构图轴线两侧（见图18），始终属于配景。对植分为：对称对植（体型大小一致，与轴线的垂直距离相等）；非对称对植（体型大小不一致，体型较大者距离轴线较近或数量较少，体型较小者距离轴线较远或数量较多）。

3. 列植

列植——同一树种群体韵律美的最佳表现方式（见图12、图15）。茎竖直生长的树种都可以列植，尤以茎干显著膨大的棕榈科更佳。对于茎干通直、无任何膨大的种类，

可配植修剪成球状的基及树、九里香、黄金榕等，以增加景观的层次和内容，减少茎干纵向的生硬单调感。

4. 丛植

丛植——2~10株同种或不同种乔木（或辅以少量灌木）的群体的整体美并兼顾个体美的表现方式。

两株丛植：同种丛植，但大小、姿态有别，两株的树冠部分重叠。

三株丛植：排成非等腰三角形；若为同种，则（最大株、最小株）+（中间大小的一株）；若或2种，以同为常绿植物或同为落叶植物为宜，且最小的一株为另一种。

四株丛植：排成非等边四边形或非等腰三角形；若为同种，则（最大株、最小株、中间大小的一株）+中间大小的另一株；若为2种，则（同一种的3株中的2株、另一种）+（同一种的3株中的另1株）。

五株丛植：（3+2）或（4+1），若为2种，每一组均由2种构成。

六株以上丛植：为以上之组合。

5. 群植

群植——20~30株同种或不同种乔木（或辅以少量灌木）的群体的整体美的表现方式（见本书P234），每一株都应能看到，但对单株的观赏效果要求不高。群植分为单纯群植和混交群植。

6. 植林（树林）

植林分为密林和疏林。密林，郁闭度0.7~1.0，分为单纯密林（同一树种）和混交密林（乔灌草三层构成），让游客感受、融入大自然。疏林，郁闭度0.4~0.6，景区应用最广——提供游客休憩、观赏、游戏、摄影、野餐等。棕榈科植物非常适合构造疏林，棕榈科植物含水量高（防火），特别适用于野餐区。

7. 植篱

植篱——乔灌木密植成围篱。具有组织空间（如导引游览路线或植物迷宫）、防尘降噪、充当背景或隔景的功能。植篱可分为：整形植篱（多选用生长缓慢的乔灌木修剪成各种造型，见本书P54）和自然植篱（一般不加以修剪，如灌木状棕榈植物，见图17）；矮篱（围篱高度低于视线，见本书P178）和树篱（围篱高度高于视线）；绿篱（常修剪成各种造型）、彩篱（利用色叶植物植篱，见本书P87）、花篱（观花，不宜修剪，见本书P79）、果篱（观果，不宜修剪，见本书P79）和刺篱（植株具刺，具有阻隔功能，见本书P62）。

8. 花坛

花坛分为独立花坛（包括观花为主的花丛式花坛和观叶为主的图案式花坛）、花坛群（两个以上花坛组成不可分割的构图整体，图53）、花坛组群（由花坛群组成）、带状花坛（花坛长宽比例超

图53 由4个花坛组图的花坛群

过4：1）、连续性花坛群（多个独立花坛或带状花坛排成一行组成有节奏的不可分的构图整体）、连续性花坛组群（由多个花坛群排成一行或数行，或由几行连续性花坛群排列组成）。

图54　矩形花台的配置

9. 花台

花台——植床内有高低错落的观赏植物，植床高50~80cm，便于游客平视。矩形花台（图54）既可以防止过往车辆和行人对绿化植物的损坏，也有利于居民的平视——观姿、观花（详见下文）。

10. 花镜

花镜——树木与草本自然式混植的带状花坛，可分为：单面式花镜（形成一个面向道路的近低远高的观赏轮廓）、双面式花镜（形成中间高两边地的观赏轮廓）。

11. 草坪

草坪分为自然式草坪和规则式草坪。草坪特别适合配置棕榈植物，后者为常绿植物，每年的落叶甚少且易清除，不易破坏草坪的整洁、优美，而草坪则能映衬出羽状叶棕榈植物的婀娜多姿，反衬出掌状叶棕榈植物的刚健雄壮。

1.10.2　景观类型

1. 主景和配景

主景体现主题、富有艺术感染力，是空间构图中心，是观赏视线集中的焦点（见图12中的裙棕和壮裙棕、图15中的狐尾椰、图52中的樟为主景）。配景陪衬主景，与主景相得益彰而形成一个艺术整体（见图18中的裙棕为配景）。

2. 前景（近景）、中景、背景（远景）

前景和背景都是为中景（主景）而服务，前景往往是低于视平线的水池、花坛、草地等，但在高大的建筑物前，也可以高大的树木作前景。见图18中，裙棕位于建筑物之前，属于前景，采用对植方式配置，始终属于配景，裙棕陪衬建筑物使两者相得益彰——整齐排列的裙棕似仪仗队在欢迎游客的到来，增加了建筑物的宏伟气势，减少了建筑物的生硬之感。

3. 借景

借景是指将视野中好的景色组织到园林绿地的观赏视线中，可分为远借、邻借、仰借、俯借、因时而借。

4. 对景和分景

对景是指将景点布置于园林轴线或风景视线端点，分为正对景和互对景。分景是将风景视线或园林绿地分隔成若干部分，使得园中有园、景中有景、岛中有岛、湖中有湖，分为障景和隔景。障景是指抑制视线、改变游览线路的屏障景物。隔景是指分隔景区的景物。隔景分为实隔、虚隔和虚实隔。实隔是指视线与空间被完全阻断，如实墙、山石、建筑的分隔。虚隔是指视线通透、空间隔而未断，如水面、通廊、花架、矮篱的分隔。虚实隔是指视线部分通透、空间隔断，如景墙开设漏窗，或构筑框景（见图19）。

5. 框景、漏景、夹景

框景是指利用门框、窗框、枝干缝隙、洞口等选择性地摄取另一空间的清晰景色（见图19）。漏景与框景类似，但获取的是若隐若现的景色。夹景是利用树丛等将视线两侧缺乏观赏性的物体加以遮挡，形成较封闭的、狭长的视野，以便观赏端部的美景。

1.10.3 景观植物配置的原则、程序与技巧

1. 景观植物配置的六大原则

（1）适应性 即适地适树原则，同时，既要善于利用某些小环境所带来的便利条件，也要防止某些小环境所带来的不利条件。例如，在厦门（属于南亚热带地区）酒瓶椰这一热带植物，应置于建筑物或构筑物的（西）南侧或避风处。

（2）安全性 是指在短期和长期都不会造成安全隐患。例如，在校园，学生肢体可触及的地方，应避免种植有刺的植物。在人员活动密集的地方，叶片有刺尖的种类（如苏铁）都要慎用。

在台风频发的城镇，如果在狭窄的隔离带种植抗风性差的乔木（如菩提树、垂叶榕），容易倒伏，阻塞交通，从而引发次生灾害。

（3）规范性 遵循相关的规范、当地的规定。例如，满足树木与市政地下管线的最小水平距离。

（4）艺术性 就是要满足园林绿地构图的基本规律——比例与尺度，对比与调和，对称与均衡。

（5）经济性 不能超过控制价。使工程验收之后的养护费用置于合理区间。

（6）可靠性 确保具备相应的施工条件，包括苗木来源有保障。

2. 景观植物配置的程序与技巧

（1）明确4D 明确对方的需求（Demand）、现场的数据（Data）、困难（Difficulty）、设计和施工完成的日期（Day）。例如，一个业主3次绿化改造均以失败告终，非常困惑与担忧。经现场调查发现，绿化改造失败的场地非常荫蔽，且坡度较大，因而，只能选择非常耐荫的植物，并要确保改造后不出现水土流失。同时，还要满足观花、观叶的要求。虽遭遇了当地首次0℃的持续低温，配置的植物于次年6月枝繁叶茂。

（2）确定3W1H 确定主景的地点（Where），主景植物（Which），表达的主题或具有的功能（What），如何通过配景植物、构筑物或地形的改变来确保主景的主题或功能（How）。

现以某单位的园林工程为例。

Demand（需求）：该单位因为业务性质特殊，员工长期在外勘察，所以希望有一个非常优美的生活环境。

Data（数据）：绿地面积大小，估算价，立地环境，周边是否有遮挡，土壤的状况。

Difficulty（困难）：绿地分散，最重要的一块绿地就是位于新建宿舍楼北侧与办公楼南侧的矩形花台（见图 54），由于花台四周有杂物间和道路，故花台面积受限，尤其是为了便于通行，导致花台的几何形状非常规整而显得呆板，故要迅速建成一个满足员工散步、平视欣赏，以及从两幢楼俯视观赏的园林精品较为困难。

Day（时期）：临近冬季，要确保植物进入休眠期前完工，也便于早日预验收（此后还有 6 个月的养护期），从而节省工程人工费用。

Where（地点）：矩形花台。

Which/What（种类 / 内容）：将酒瓶椰定植于花台中央。酒瓶椰在 20 世纪 90 年代还比较少见。酒瓶椰为观姿、观茎、观花型景观植物，其最大特点就是茎干膨大，定植于离地高 50cm 的花台中心位置，人的视线容易聚焦于酒瓶椰的膨大的茎干。酒瓶椰自然整形，其高度与人的身高接近，茎显著膨大，叶片弯曲，故可以表达自然、亲切、有趣、柔美的主题，让长期在外的员工归来后有放松、愉悦之感。

反之，如果在花台中央定植一株大乔木（如榕树或樟），那么，这一株大乔木就几乎占满整个花台，不仅会显得花台面积很小，而且没有更多空间供其他乔木和花灌木种植。如果将花台定位于观花为主的花丛式或观叶为主的图案式，尽管从楼上看下去效果不错，但平视的效果不佳，此外，观花为主的花丛式的花台维护对该单位而言较为困难，观叶为主的图案式的花台相对容易维护，但时间一长就会显得单调。

How（方式）：酒瓶椰的花序特别，但花色淡雅，且需要较长的年份才会开花，所以配景植物以色彩鲜艳的观花型景观植物为主，包括：位于花台东北侧的紫薇、西北侧的火焰树、西南侧的冬红，酒瓶椰基部四周的细叶萼距花，以及位于花台东南角、东北角、西北角的蔓马缨丹，这些开花乔木和花灌木分别属于红色系、橙色系和紫色系。由于冬红在冬季开花，这样就使得花台一年四季都有花。

花台的入口位于花台的东南角，且有一个陡坡，所以将单干型的大王椰定植于东南角，不会影响通行视线。花台的四周没有遮荫的地方，所以将火焰树定植在离花台最远的西北侧，这样刚好形成对角线一高（火焰树和大王椰）和一低（紫薇和冬红）的空间结构，消除了矩形花台在造型上的单调呆板。

随着观赏线路的变化，火焰树、大王椰、紫薇和冬红作为酒瓶椰的前景植物或背景植物的角色一直在转化。火焰树和大王椰、紫薇和冬红分别在尺度、形态上和酒瓶椰形成鲜明对比，从而衬托出酒瓶椰的亲切、自然、有趣、柔美。

反之，如果在花台四角不种植火焰树等景观植物，主景就会一览无余，且缺乏层次感，难以对酒瓶椰形成有效地烘托。如果在花台四角全部种植乔木，那么就会对酒瓶椰形成一种包围、挤压，也会妨碍酒瓶椰在草坪上的影景。

1.10.4 特殊景观的营造

1. 附生景观

（1）利用粗糙的茎干　有的植物的茎干粗糙，例如，油椰的茎干宿存叶基（见图 55），可以种植蕨类等附生植物，不仅能增加景观的层次，还能使两者形成叶片大小、外形、颜色上的对比，突出前者的雄壮。

（2）利用没有次生生长的茎干　将热带兰中的附生种类（如文心兰）固定、种植在树干上（图56）。选择茎干不会膨大的种类（如北澳椰、紫花假槟榔），以免固定兰花的塑料线被绷断或对树木造成损害。

2. 攀援景观

种植藤本使其沿高大、通直的茎干攀爬，能形成高10m以上的有震撼力的攀援景观（图57）。与附生景观不同，攀援景观能展示藤本植物强大的生命力。

图55　附生景观（油椰）　　　　图56　附生景观（假槟榔）　　　图57　攀援景观
（裙棕和异叶地锦）

（1）藤本的配置　选择攀援能力强的藤本。既可选常绿藤本，也可选落叶藤本（如异叶地锦，见图57）以达到季相的效果。既可选择以观花（如炮仗花）为主的藤本，也可选以观叶为主的藤本。

（2）树木的选择　由于大部分棕榈植物不分枝，故在南方以大型的单干型棕榈植物为首选。

3. 韧性景观

利用植物地上部分的趋光性，或让植物卧地生长，从而形成弯曲或倾斜后向上的茎干，以显示树木的韧性、顽强。不分枝的棕榈植物，特别适合构筑此景观（见图8，图58）。

4. 鸳鸯树景观

借助棕榈植物不分枝的特性，可将两株中等体型（与人体高度接近则有亲切感）、单干型（以免出现合植的效果）、具有较高观赏价值（以便长时间观赏）的棕榈植物（如国王椰或王马岛椰紧密种植在一起，即双植，从而构成鸳鸯树景观（图59）。此景观最适合于别墅，以表示户主夫妻俩永不分离。王马岛椰在原产地常常是成对而生。

双植与合植（数株紧密孤植）不同，前者虽然也构成一个单元，但明显是两株，后者往往看似一株。

5. 影景景观

影景景观是指借助阳光或灯光使植物在水中、地面或墙上形成美丽的倒影或投影。观姿型景观植物特别适合构筑影景景观（图60）。

图58　韧性景观（橙枣椰）　　图59　鸳鸯树景观　　图60　影景景观（壮裙棕、裙棕）
　　　　　　　　　　　　　　　　　（国王椰双植）

6. 剪影景观

剪影景观是指借助灯光、月光、旭日或夕阳使植物形成半隐半现、半明半暗的优美的轮廓。借助旭日或夕阳构筑剪影景观时，应确保东西向没有遮挡（图61、图62）。借助灯光时，既可用灯光直接照射，也可以用地灯投射（图63、图64），还可以利用远处的LED霓虹灯忽明忽暗的照射（图65、图66）。通过调整灯的位置与照射方向，还可以同时获得剪影景观和影景景观，如将酒瓶椰定植于酒店门口的花台（图67）。剪影景观在远处也能有显著的观赏效果（图68）。观姿型景观植物特别适合构筑剪影景观。

图61　剪影景观（大王椰）　　　　图62　剪影景观（黄椰）　图63　剪影景观
　　　　　　　　　　　　　　　　　　　　　　　　　　　　　（多裂竹棕）

图64 剪影景观（假槟榔）

图65 剪影景观
（诺福克南洋杉）

图66 剪影景观（旅人蕉）

图67 剪影景观——酒瓶椰

图68 剪影景观（大王椰）

影景景观和剪影景观不同，前者是将同一实物构筑成虚实两种景观（图 60 是有意倒置的照片），后者则是半虚半实（对实物进行半隐半现、半明半暗的虚化处理）的景观。

7. "灯柱"

为渲染节日气氛，常将彩灯成串地挂起，这时，棕榈植物的茎干就是很好的自然支撑材料。由于棕榈科没有次生生长，选择茎干不会膨大的种类，那么，彩灯对树干没有影响，且能构成夜景（图 69）。若选择其他树木，长时间地张挂则会影响树木生长，而且凹凸不平的树皮会吸收很多光线，降低了彩灯的亮度。

8. "绿亭"

可以用树木（如垂叶榕）构筑"绿亭"（图 70）。

图 69 "灯柱"——假槟榔　　　　　　图 70 "绿亭"——垂叶榕

第 2 章
植物图解

2.1 石松类和真蕨类

小翠云

【学名】*Selaginella kraussiana* A. Braun

【分布】非洲。

【识别】与翠云草 *S. uncinata*（Desv.）Spring相似，主茎自近基部羽状分枝，叶2型，交互排列，但小翠云的茎具关节，侧枝10~20对，叶绿色，叶缘具细齿，而翠云草的茎无关节，侧枝5~8对，叶蓝绿色，叶缘无细齿。本种的孢子叶穗（5~25mm×2.5~4.0mm）明显比翠云草（30~40mm×10mm）的小，故称"小翠云"。

【栽培】忌阳光直射。扦插繁殖。

【特色】匍匐，侧枝2~3羽状分枝，枝叶密集，能完全覆盖地面。

【应用】观叶型多年生草本植物。优良的地被植物，成片种植，质感细、软，特别适合在观光温室内配置。

福建观音座莲

【学名】*Angiopteris fokiensis* Hieron.

【分布】中国西南、华南、华中、华东。

【识别】叶二回羽状分裂，羽轴（连接小羽片的部分）具翅，小羽片自叶边的两脉间无倒行假脉的痕迹，叶缘具钝锯齿；子囊群线形，位于叶缘。

【栽培】喜半荫。孢子播种或分株繁殖（蕨类植物的播种与分株方法参见"巢蕨"部分）。

【特色】小羽片整齐排成一个平面，叶轴"之"字形弯曲，叶柄粗壮、凹凸不平。

【应用】观叶型多年生草本植物。特别适合配置于墙角、水体边，也特别适合盆栽，配置于宾馆、别墅。

笔筒树（蛇木）

【学名】**Sphaeropteris lepifera**（Hook.）R. M. Tryon

【分布】中国台湾、海南、广西、云南，以及琉球群岛、菲律宾、新几内亚。

【识别】叶柄、叶轴及羽轴黄绿色、密被疣突，小羽片背面灰绿色，具白色的毛。

【栽培】忌阳光直射，需较高的空气湿度，否则叶片会干枯，严重的可导致植株死亡。孢子播种。

【特色】大型木本蕨类。茎干细、弯曲，具整齐排列的大型的灰白色叶痕，似蛇的斑纹，故称"蛇木"；茎干外部致密，内部疏松，故称"笔筒树"；叶三回羽状分裂，羽片、小羽片整齐排列。

【应用】观姿型、观茎型、观叶型常绿小乔木状。可孤植、丛植。特别适合在观光温室内造景。

白桫椤

【学名】**Sphaeropteris brunoniana**（Hook.）R. M. Tryon

【分布】中国西藏、云南、海南，以及印度、尼泊尔、缅甸、越南。

【识别】叶柄、叶轴及羽轴黄绿色、无疣突（叶柄基部除外），小羽片背面灰绿色，具淡黄色毛或无毛。

【栽培】喜半荫，比笔筒树等桫椤科其他种类更能适应低的空气湿度和阳光直射。孢子播种。

【特色】特大型木本蕨类（桫椤科中体型最高种之一）；叶三回羽状分裂，羽片、小羽片整齐排列。

【应用】观姿型、观叶型常绿乔木状。可孤植、丛植。特别适合在观光温室内或室外造景。

桫椤科

桫椤（刺桫椤）

【学名】**Alsophila spinulosa**（Wall. ex Hook.）R. M. Tryo

【分布】中国西南、华南、福建、台湾，以及日本、东南亚。

【识别】叶柄、叶轴及羽轴具刺，叶柄表面绿色。

【栽培】忌阳光直射，需较高的空气湿度，否则叶片会干枯，严重的可导致植株死亡。

【特色】大型木本蕨类；叶三回羽状分裂，羽片、小羽片整齐排列。

【应用】观姿型、观叶型常绿乔木。可孤植、丛植。特别适合在观光温室内造景。

桫椤科

黑桫椤

【学名】**Alsophila podophylla** Hook.

【分布】中国西南、华南、福建、台湾，以及日本、东南亚。

【识别】叶柄、叶轴具乌木色，故称为"黑桫椤"；叶仅二回羽状分裂，即第2级羽片全缘或呈波状，不像其他种类的再次深裂而具有第3级羽片（三回羽状分裂）。

【栽培】忌阳光直射，需较高的空气湿度，否则叶片会干枯，严重的可导致植株死亡。

【特色】大型木本蕨类；叶二回羽状分裂，羽片、小羽片整齐排列，叶柄、叶轴乌黑发亮。

【应用】观姿型、观叶型常绿灌木状。特别适合在观光温室内造景。

铁角蕨科

巢蕨（鸟巢蕨，山苏花，台湾山苏花）

【学名】**Asplenium nidus** L.［异名：*Neottopteris nidus*（L.）J. Sm.］

【分布】中国台湾、广东、海南、广西、贵州、云南、西藏，以及南亚、东南亚、琉球群岛、大洋洲热带地区及东非，生于林下枝干上。

【识别】与铁角蕨属中其他叶簇生似巢蕨种类的区别是，大型，高1m；叶片最宽处为9~15cm；根状茎上的鳞片线形，先端纤维状并卷曲，边缘有几条卷曲的长纤毛；叶柄两侧无翅。

【栽培】忌阳光直射。分株繁殖（纵切为4块，或切下分蘖株，切口处涂抹新鲜的草木灰，叶片仅保留1/3）；孢子播种（孢子播于土面后加盖玻璃，保湿，置于阴湿处）；取孢子或茎尖生长点组织培养。

【特色】大型附生蕨类，叶簇生似鸟巢，故称"巢蕨"，种加词nidus也正是鸟巢之意。

【应用】观姿型多年生附生草本植物。可构筑附生景观——固定在大树枝干上，酷似鸟巢；也可盆栽。

【备注】人工固定在树上，自成一景。

乌毛蕨科

苏铁蕨

【学名】**Brainea insignis**（Hook.）J. Sm.

【分布】中国云南、福建、台湾以及华南，东南亚。

【识别】苏铁蕨属仅1种。本种植株形体如苏铁，有直立而粗壮的圆柱状主轴，羽片排列似苏铁。

【栽培】忌阳光直射。地生。孢子播种。

【特色】大型草本植物，外形似苏铁。

【应用】观叶型多年生大型草本植物。适合荫蔽或半荫蔽空间的造景。

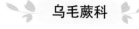

肾蕨

【学名】Nephrolepis cordifolia（L.）C. Presl［异名：*Nephrolepis auriculata*（L.）Trimen］

【分布】中国西南、华南、华东，以及西南亚、南亚、东南亚、太平洋群岛、澳大利亚、非洲、美洲。

【识别】肾蕨科仅1属。与肾蕨属其他种类的区别是，叶直立，中部羽片长2~4cm，覆瓦状排列；孢子囊群于叶背主脉两侧各排成1行，呈狭肾形，故称"肾蕨"。

【栽培】忌阳光直射。附生或地生。分株或孢子播种。

【特色】附生或地生均可形成密集的丛，故为全世界最常见的景观蕨类。

【应用】观叶型多年生草本植物。适合荫蔽或半荫蔽狭小空间的造景，可构筑附生景观，如配置于油椰的茎干上。肾蕨也是插花的主要配材。

【备注】《中国植物志》所用学名已作为异名，见《Flora of China》。

丝带蕨

【学名】Drymotaenium miyoshianum（Makino）Makino

【分布】中国台湾、浙江、广东、湖北、湖南、陕西、四川、贵州、云南、西藏。

【识别】丝带蕨属仅1种。本种与水龙骨科其他种类的区别是，叶1型，线形，革质，孢子囊群线形，在主脉两侧各成一行，生于主脉两侧深纵沟内。

【栽培】忌阳光直射。孢子播种、分株繁殖。

【特色】小型附生蕨类；叶呈丝带状、下垂，革质的叶似兰非兰，新叶先端卷曲，故称"丝带蕨"。

【应用】观叶型多年生附生草本植物。本种以往多作药用植物，可构筑附生景观——固定在树上或石壁上，或用于观光温室的造景，也可盆栽观赏。

水龙骨科

槲蕨

【学名】**Drynaria roosii** Nakaike

【分布】中国西南、华中、华南、华东。

【识别】槲蕨的不育叶近圆形，较小，（2~）5~9cm×（2~）3~7cm，基部心形，边缘分裂成尖裂片，能育叶一回羽状分裂，容易与其他种类区分。

【栽培】喜半荫。孢子播种、分株繁殖。将其放置在室内的一瓦块中，偶尔喷水，即能成活。

【特色】小型附生蕨类。

【应用】观叶型多年生附生草本植物。可固定于树干、岩石，构筑附生景观。

【备注】本种原归于槲蕨科，现已并入水龙骨科，见《Flora of China》。

 水龙骨科

二歧鹿角蕨

【学名】**Platycerium bifurcatum**（Cav.）C. Chr.

【分布】印度尼西亚至澳大利亚。

【识别】能育叶基部（非分叉部分）狭长，二至五回分叉。本种和鹿角蕨**P. wallichii** Hook.都具有鹿角状分叉，但前者能育叶基部狭长，不育叶小，孢子囊群生于末回裂片先端，孢子黄色；后者能育叶基部宽大，不育叶大，孢子囊群生于第一回分叉裂片之间，孢子绿色。

【栽培】忌阳光直射。分株、孢子播种或组织培养。

【特色】能育叶狭长，似鹿角一样分叉。

【应用】观叶型多年生附生草本植物。可固定于树干、岩石，构筑附生景观。

【备注】本种原归于鹿角蕨科，现已并入水龙骨科，见《Flora of China》。

2.2 裸子植物

苏铁科

苏铁（铁树）

【学名】**Cycas revoluta** Thunb.

【分布】中国台湾、福建、广东。

【识别】裸子植物分为4亚纲8目13科。苏铁亚纲仅1目3科：**苏铁科**（仅苏铁属共90种，分布于美洲以外的热带和亚热带；具中脉，无侧脉），**南非苏铁科**（仅南非苏铁属Stangeria共1种，分布于非洲；具中脉，具平行侧脉），**美洲苏铁科**（9属150种，分布于热带美洲和赤道以南地区；无中脉，具平行侧脉）。苏铁的羽片最窄（宽4~7mm），边缘显著地向下反卷。左上图为雄株。

【栽培】阳性（光照不足易受介壳虫危害）。播种、分株繁殖。若种子较小，则是雌株未受精所致。

【特色】羽片紧密、整齐排列。雄球花1（~8），直立、黄色。

【应用】观姿型、观叶型、观花型常绿灌木/小乔木。可单株孤植（单植）、数株紧密孤植（合植）、双植、两株或两行对植、列植、丛植，特别适合配置于花坛、草坪、隔离带，也特别适合盆栽。

苏铁科

越南篦齿苏铁

【学名】**Cycas elongata**（Leandri）D. Y. Wang

【分布】越南南部。

【识别】本种曾被误定为梳孢苏铁**Cycas pectinata** Buch.-Ham.。实际上前者的叶短于1.4m，雄球花窄于13cm，大孢子叶顶片窄于7cm；后者的叶长于1.5m，雄球花宽于16cm，大孢子叶顶片宽于10cm。右下图为雌株。

【栽培】阳性。播种（雌雄异株，需授粉）、分株繁殖。

【特色】树干常分叉，老树树皮似木化石而显苍老；小孢子叶螺旋状紧密排列，似人工雕琢。

【应用】观姿型、观茎型、观花型常绿灌木/小乔木。可孤植、丛植、群植，或配置于花坛、草坪。

叉叶苏铁

【**学名**】**Cycas micholitzii** Dyer

【**分布**】中国云南、广西，以及越南、老挝。

【**识别**】苏铁属中仅有4个种重羽状分裂（即叶一回羽状分裂形成的羽片或二回羽状分裂形成的小羽片再二叉状分裂）。叉叶苏铁为重羽状分裂，羽片再一~三回二叉状分裂，形成2~8裂片、小裂片。

【**栽培**】阳性。播种繁殖（雌雄异株，需授粉）。

【**特色**】羽片二叉状分裂，故称"叉叶苏铁"。

【**应用**】观姿型、观叶型常绿灌木。特别适合配置于坡地、花坛、草坪，也可盆栽。

德保苏铁

【**学名**】**Cycas debaoensis** Y. C. Zhong et C. J. Chen

【**分布**】中国广西德保（故称"德保苏铁"）。

【**识别**】叶重羽状分裂，小羽片再二~四回二叉状分裂，形成线形的裂片、小裂片。

【**栽培**】阳性。播种繁殖（雌雄异株，需授粉）。

【**特色**】小羽片多回二叉状分裂。

【**应用**】观姿型、观叶型常绿灌木。特别适合配置于花坛、草坪。

多歧苏铁

【学名】**Cycas multipinnata** C. J. Chen et S. Y. Yang

【分布】中国云南。

【识别】仅1~2片叶，是苏铁目中叶最少的种类，叶重羽状分裂，叶三回羽状分裂（种加词 multipinnata的含义是"多回羽状分裂"）后的小羽片再二~五回二叉状分裂，形成线状倒披针形裂片、小裂片。

【栽培】耐半荫。播种繁殖（雌雄异株，需授粉）。

【特色】叶长达7cm，重羽状分裂，小羽片二叉状分裂达五回，故称"多歧苏铁"。

【应用】观姿型、观叶型、观花型常绿灌木。特别适合配置于花坛或草坪。若置于白色或浅色的背景墙前，效果特佳；也可利用灯光构筑剪影景观。

双籽苏铁

【学名】**Dioon spinulosum** Dyer ex Eichler

【分布】墨西哥。

【识别】双籽苏铁属的大孢子叶通常具胚珠2（属名Dioon的含义是"两个种子"，故称"双籽苏铁属"）。本种与双籽苏铁属其他种类的区别是，羽片伸直，宽1.5cm以上，叶柄具刺。

【栽培】阳性。播种（雌雄异株，需授粉）、分株繁殖。

【特色】本种是双籽苏铁属中最优美的——羽片整齐排成2列，略下垂；雄球花近白色。

【应用】观姿型、观叶型、观花型常绿灌木/小乔木。可单植、丛植、对植、列植，可配置于花坛、草坪。

红球花棘铁

【学名】**Encephalartos ferox** Bertol. f.

【分布】南非纳塔尔省北部、莫桑比克南部。

【识别】棘叶苏铁属是美洲苏铁科最大的属，产于非洲。本种是该属中唯一具有橙红色雌、雄球花的种类。羽片宽3.5~5cm，先端具刺状裂片，上、下叶缘具明显的刺齿（种加词ferox的含义是"多刺的"）。

【栽培】阳性。播种繁殖（雌雄异株，需授粉）。

【特色】羽片造型奇特，具刺状裂片和刺齿（似枸骨的叶）；雌、雄球花红色（故称"红球花棘铁"）。

【应用】观姿型、观叶型、观花型常绿灌木。特别适合配置于花坛，可单株孤植、对植、列植。

蓝羽棘铁

【学名】**Encephalartos horridus**（Jacq.）Lehm.

【分布】南非东开普省。

【识别】叶蓝色至银灰色，叶轴末端向下弯曲，羽片宽2.5~4cm，排成V字形，羽片具明显的刺（种加词horridus的含义是指叶"坚韧、多刺"）。

【栽培】阳性。播种繁殖（雌雄异株，需授粉）。

【特色】本种和红球花棘铁是棘叶苏铁属中最优美的，两者的羽片都较宽，但两者的叶色、叶轴伸展方式、羽片排列方式、球花的颜色均不同。本种是棘叶苏铁属中蓝色叶片类群中羽片最宽、最鲜艳的（故称"蓝羽棘铁"），而叶片为蓝色的蓝轴棘铁**Encephalartos hirsutus** P. J. H. Hurter和蓝叶棘铁**Encephalartos trispinosus**（Hook.）R. A. Dyer的羽片宽度均不超过2.5cm。

【应用】观姿型、观叶型、观花型常绿灌木。特别适合配置于花坛，可单株孤植、对植、列植，以绿色系的植物进行衬托，效果更佳。

美洲苏铁科

美洲苏铁

【学名】*Zamia furfuracea* L. f.

【分布】墨西哥。

【识别】美洲苏铁是美洲苏铁属中羽片最厚的种类，羽片排成2列，边缘具齿，叶柄具刺。

【栽培】阳性。病虫害极少。播种（雌雄异株，需授粉）、分株繁殖。

【特色】一回羽状分裂，羽片整齐排列、厚革质。

【应用】观姿型、观叶型常绿灌木。特别适合配置于花坛或盆栽。

美洲苏铁科

澳洲苏铁

【学名】**Macrozamia communis** L.A.S. Johnson

【分布】澳大利亚东南部。

【识别】澳洲苏铁属有38种，拥有苏铁目中叶片数量最多的种类，绝大部分分布于澳大利亚东部，本属的大孢子叶的先端延伸出一个向上的纤细的刺。澳洲苏铁是澳洲苏铁属中最常见的种类（种加词communis意指常见的），与本属的山地澳铁**Macrozamia montana** K.D. Hill最为相似，但前者的叶柄几无由羽片退化的刺。

【栽培】阳性。播种繁殖（雌雄异株，需授粉）。

【特色】茎干较粗，可达90cm；叶数多，50~150，树冠浓密，羽片规则地排成2列。

【应用】观姿型、观茎型、观花型常绿灌木/小乔木。可单植、丛植、对植、列植，可配置于花坛、草坪。

高干澳铁

【学名】**Macrozamia moorei** F. Muell.

【分布】澳大利亚东部。

【识别】高干澳铁是澳洲苏铁属中最高的种类，与澳洲苏铁相似，但前者的叶灰绿色，叶柄具由羽片退化的刺。

【栽培】阳性。播种繁殖（雌雄异株，需授粉）。

【特色】茎干高可达7m，直径可达80cm；叶数多，100~120，树冠浓密；羽片规则地排成2列。

【应用】观姿型、观茎型、观叶型、观花型小乔木。可单植、丛植、对植、列植，也可配置于花坛、草坪。

凹羽棘铁

【学名】**Encephalartos manikensis**（Gilliland）Gilliland

【分布】津巴布韦和莫桑比克（种加词manikensis的含义是指位于莫桑比克境内的产地名）。

【识别】叶深绿色，叶轴近于直伸，羽片排成2列，羽片从腹面（近轴面）向背面（远轴面）凹陷；雌、雄球花绿色。

【栽培】阳性。播种繁殖（雌雄异株，需授粉）。

【特色】羽片排成2列，羽片向远轴面凹陷（故称"凹羽棘铁"）。

【应用】观姿型、观叶型、观花型常绿灌木/小乔木。特别适合配置于花坛，可单植、丛植、对植、列植，大树也特别适合配置于草坪。

银杏

金边银杏

【学名】Ginkgo biloba L.

【分布】中国（野生群落目前仅见浙江），河北及以南常见栽培。

【识别】银杏亚纲仅1科1属1种，即银杏。银杏的扇形叶很容易与其他裸子植物相区分。

【栽培】阳性。播种繁殖（雌雄异株，若附近无雄株则需授粉）。

【特色】叶扇形，季相植物，地面铺满金黄色的扇形叶片也自成一景。

【应用】观姿型、观叶型落叶乔木。特别适合两行对植以构筑季相景观大道。银杏也有部分花叶品种，如金叶银杏（叶从黄色转绿色再转至秋季落叶前的黄色）、金边银杏（叶片先端为黄色）。

狭叶南洋杉（巴西南洋杉）

【学名】Araucaria angustifolia（Bertol.）Kuntze（异名：A. brasiliana A. Rich.）

【分布】巴西、阿根廷和巴拉圭。

【识别】南洋杉属包括4个分支：Sect. Araucaria［狭叶南洋杉和智利南洋杉A. araucana（Molina）K. Koch，产南美洲］、Sect. Bunya（大叶南洋杉，产澳大利亚）、Sect. Intermedia（巨南洋杉A. hunsteinii K. Schum.，产新几内亚，为南洋杉属最高的种类）和Sect. Eutacta（包括南洋杉、诺福克南洋杉和原产新喀里多尼亚的14种），前三个分支无异型叶。狭叶南洋杉时常被误作智利南洋杉，前者的叶螺旋状松散排列，叶宽不超过1cm；后者的叶覆瓦状紧密排列，叶宽可达到2cm。

【栽培】阳性。播种繁殖（雌雄异株，若附近无雄株则需授粉）。除白蚁外，病虫害少。

【特色】树干具大量瘤状凸起物；大枝近轮生，侧生小枝与叶密集簇生于大枝末端。

【应用】观姿型、观茎型常绿大乔木。可单植、丛植、群植，特别适合配置于草坪。

大叶南洋杉（毕氏南洋杉）

【学名】**Araucaria bidwillii** Hook.

【分布】澳大利亚。

【识别】幼树树冠圆锥形。幼树小枝规则地排列成同一平面。幼树的叶扁平，松散排列，大多排成2列且以同一水平面伸展，具平行脉，无明显中脉；成龄株的叶从2列到螺旋状排列。

【栽培】阳性。播种繁殖。除白蚁外，病虫害少〔在南方沿海地区，白蚁几乎危害各种树木，可蛀空树干（棕榈科植物除外）导致树干折断或倒伏〕。

【特色】大枝近轮生，枝叶密集簇生于大枝末端。

【应用】观姿型常绿大乔木。可单植、丛植，也可列植。

柱状南洋杉

【学名】**Araucaria columnaris**（G. Forst.）Hook.

【分布】新喀里多尼亚。

【识别】似诺福克南洋杉，幼树树冠塔形，但老树的树冠呈柱状，小枝较细，绳索状，直径不超过1cm。

【栽培】阳性。播种繁殖。

【特色】幼树树冠塔形，大枝层次分明。老树树冠柱状。

【应用】观姿型常绿大乔木。可单植、对植、列植、丛植、群植，特别适合构筑剪影景观，也可盆栽。

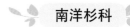

南洋杉（肯氏南洋杉）

【学名】**Araucaria cunninghamii** Mudie

【分布】澳大利亚和新几内亚岛。

【识别】幼树小枝规则地排列成同一平面，后簇生于大枝的末端。叶2型：幼树末级小枝的叶生长角45°~90°，叶钻形、左右两侧扁，叶尖短刺状；成龄株的末级小枝的叶四棱状钻形、内曲。

【栽培】阳性。播种。除白蚁外，病虫害少。

【特色】大枝近轮生，侧生小枝与叶密集簇生于大枝末端。

【应用】观姿型常绿大乔木。可单植、丛植、列植、群植。现也用作盆景。

【备注】以往的分类学文献（如《植物分类学报》《中国植物志》《Flora of China》）将本种误定为**A. heterophylla**（Liu & Liu，2008；刘海桑，2013）。

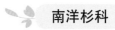

诺福克南洋杉（异叶南洋杉，诺和克南洋杉）

【学名】**Araucaria heterophylla**（Salisb.）Franco

【分布】诺福克群岛。

【识别】小枝规则排成同一平面或呈2列。叶2型：幼树的末级小枝的叶紧密排列，生长角小于45°，叶线形、镰状，先端急尖，非刺状；成龄株的末级小枝的叶覆瓦状排列，鳞片状，叶尖角质状。

【栽培】阳性，幼树耐半荫；耐盐；抗风性较强。播种；扦插（此时茎匍匐）。除白蚁外，病虫害少。

【特色】幼树树冠塔形，大枝层次分明。

【应用】观姿型常绿大乔木。适合单植、对植、列植、丛植、群植，特别适合构筑剪影景观（见图65），也可盆栽，早期用作主席台的背景植物。

【备注】以往的分类学文献（如《植物分类学报》《中国植物志》《Flora of China》）将本种误定为**A. cunninghamii**（Liu & Liu，2008；刘海桑，2013）。

南洋杉科

贝壳杉

【学名】**Agathis dammara**（Lamb.）Rich. et A. Rich.

【分布】马来半岛和菲律宾。

【识别】南洋杉科分3属41种。贝壳杉属与南洋杉属的主要区别是，前者的种子与苞鳞分离，具翅，叶的先端圆；后者的种子与苞鳞合生，无翅，叶的先端尖或刺状。贝壳杉属与澳杉属（仅**Wollemia nobilis** Jones，Hill et Allen一种）的主要区别是，前者成龄株的叶具短柄，球果光滑，种子具单侧的翅；后者的叶3型，均无叶柄，球果具刺，种子具环形的翅。贝壳杉与婆罗洲贝壳杉**Agathis borneensis** Warburg最为相似，但前者的小孢子叶仅宽2mm，后者的小孢子叶宽4~5mm。

【栽培】阳性，但幼树喜半荫。播种、扦插繁殖。

【特色】树冠浓密，叶近对生，深绿色，但嫩枝和新叶的叶柄呈玫瑰红色。

【应用】观叶型常绿大乔木。特别适合丛植。

【备注】《中国植物志》和《Flora of China》的检索表称南洋杉属的种子具翅（指南洋杉等）或无翅（指大叶南洋杉），并不准确，南洋杉属的种子均无翅，南洋杉等所具有的翅是苞鳞的翅，而非种子的翅。

罗汉松科

竹柏

【学名】**Nageia nagi**（Thunb.）Kuntze［异名：*Podocarpus nagi*（Thunb.）Zoll. et Mor ex Zoll.］

【分布】中国华东、华南和四川。

【识别】罗汉松科**Podocarpaceae**有18属173种。竹柏属和罗汉松属**Podocarpus**均雌雄异株，叶同型，但前者的叶无中脉，后者具中脉。竹柏的叶革质，长不及9cm，花后苞片不肥大成肉质种托。竹柏和贝壳杉的叶近对生或对生，具平行脉，无中脉，但前者的叶的先端尖，后者的叶的先端钝圆。竹柏和花叶竹柏**N. nagi** 'Variegata' 的主要区别是，叶片绿色，无光泽，两侧具黄绿色斑纹。

【栽培】稍耐荫。播种、扦插繁殖。

【特色】树冠浓密，叶对生，亮绿色。

【应用】观叶型常绿乔木。特别适合丛植。

花叶竹柏

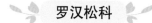

罗汉松科

长叶竹柏

【学名】Nageia fleuryi（Hickel）de Laubenfels（异名：*Podocarpus fleuryi* Hickel）

【分布】中国云南、广西、海南、广东和台湾，以及柬埔寨、老挝和越南。

【识别】长叶竹柏和竹柏均无肥大的肉质种托，但前者的叶较大（8~18cm×2.2~5cm）、厚革质，后者的叶较小（2~9cm×0.7~3cm）、革质。

【栽培】稍耐荫。播种、扦插繁殖。

【特色】树冠浓密，叶对生，深绿色。

【应用】观叶型常绿乔木。特别适合丛植。

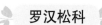

罗汉松科

罗汉松

【学名】Podocarpus macrophyllus（Thunb.）Sweet

【分布】中国西南、华南、华中、华东，以及日本。

【识别】罗汉松属约100种。罗汉松有数个变种：短叶罗汉松var. **maki** Endl.、狭叶罗汉松var. **angustifolius** Blume、柱冠罗汉松var. **chingii** N. E. Gray、毛枝罗汉松var. **piliramulus** Z. X. Chen et Z. Q. Li。罗汉松的原变种为乔木；叶螺旋状排列，线状披针形，7~12cm×0.7~1cm，中脉显著隆起，先端尖；雄球花3~5成簇腋生；种子先端圆，种子（假种皮）紫黑色，种托（紫）红色。

【栽培】稍耐荫。播种、扦插繁殖。

【特色】枝叶密集，可绑扎、修剪成不同的造型；种托（紫）红色。

【应用】观姿型、观果型常绿乔木。可单植、丛植、对植；可制成不同造型的高级桩景、盆景。

罗汉松科

兰屿罗汉松

【**学名**】**Podocarpus costalis** C. Presl

【**分布**】中国台湾兰屿，以及菲律宾。

【**识别**】兰屿罗汉松与罗汉松的主要区别是，灌木至小乔木，叶集生于枝端，倒披针形或线状倒披针形，5~7cm×0.8~1.2cm，先端钝圆，雄球花单生，种子先端圆，具小尖头，种子（假种皮）深蓝色。

【**栽培**】稍耐荫。播种、扦插繁殖。

【**特色**】叶集生于枝端，可绑扎、修剪成不同的造型；肉质种托红色，种子深蓝色。

【**应用**】观姿型、观果型常绿小乔木。可单植、对植、丛植；可制成不同造型的高级桩景、盆景。

罗汉松科

台湾罗汉松

【**学名**】**Podocarpus nakaii** Hayata

【**分布**】中国台湾特有种（台湾中部），故称"台湾罗汉松"。

【**识别**】台湾罗汉松与罗汉松的主要区别是，叶集生于枝端，种子（假种皮）淡绿色，先端尖。

【**栽培**】稍耐荫。播种、扦插繁殖。

【**特色**】叶集生于枝端，可绑扎、修剪成不同的造型；肉质种托红色或橙色。

【**应用**】观姿型、观果型常绿乔木。可单植、丛植；可制成不同造型的高级桩景、盆景。

小叶罗汉松

【学名】**Podocarpus wangii** C. C. Chang［误用：*P. brevifolius* auct. non（Stapf）Foxworthy］

【分布】中国台湾。

【识别】小叶罗汉松与柱冠罗汉松*P. macrophyllus* var. **chingii** N. E. Gray的叶都非常短（均短于4cm），两者的主要区别是，前者的树冠不呈柱状，叶宽0.5~0.8cm，后者的树冠呈柱状，叶宽0.1~0.4cm。

【栽培】稍耐荫。播种、扦插繁殖。

【特色】叶集生于枝端，可绑扎、修剪成不同的造型；肉质种托红色。

【应用】观姿型、观果型常绿乔木。可单植、对植、丛植；可制成不同造型的高级桩景、盆景。

圆柏

【学名】**Juniperus chinensis** L.［异名：*Sabina chinensis*（L.）Ant.］

【分布】中国广大山地，海拔1400~2300m（西北和西藏除外），以及朝鲜、日本、俄罗斯。

【识别】圆柏为刺柏属植物。与刺柏属其他植物的主要区别是，叶三型，幼树为刺叶，成龄株为刺叶和鳞叶，刺叶为交互对生或3叶轮生、松散排列，鳞叶为交互对生、紧密排列。圆柏具数个变种［如偃柏 var. **sargentii** A. Henry和清水圆柏var. **tsukusiensis**（Masam.）Masam.］和品种（如龙柏 'Kaizuca'、铺地龙柏 'Kaizuca Procumbens'、金叶桧 'Aurea'、球柏 'Globosa'、金球桧 'Aureoglobosa'、鹿角桧 'Pfitzeriana'、塔柏 'Pyramidalis'）。

【栽培】阳性。生长慢。播种、扦插、压条繁殖。

【特色】幼树树冠圆锥形；对有毒气体的抗性强。

【应用】观姿型常绿乔木。特别适合以列植方式配置于纪念性园林、墓地。本种枝叶密集而抗风性差。

【备注】《中国植物志》所用学名已作异名，见《Flora of China》。

龙柏

【学名】**Juniperus chinensis** L. 'Kaizuca'

【分布】圆柏的栽培品种，各地常见栽培。

【识别】与圆柏的区别是，枝条常扭转上升，小枝密、在枝端成几相等长之密簇；球果蓝色，微被白粉。

【栽培】阳性。嫁接（以圆柏为砧木）、扦插繁殖。

【特色】枝条扭转上升，似龙腾飞升空，故称"龙柏"。

【应用】观姿型常绿乔木。可单植、丛植、对植。本种因枝叶密集而抗台风性差。

柏科

侧柏（扁柏）

【学名】**Platycladus orientalis**（L.）Franco

【分布】中国广大地区（西藏、新疆、青海、宁夏除外），以及朝鲜、日本、俄罗斯远东地区（种加词orientalis的含义是"东方的"，意指本种原产东方）。

【识别】侧柏属仅侧柏1种，小枝排成1个平面。侧柏具数个品种，如千头柏 'Sieboldii'、金黄球柏 'Semperaurescens'（树冠球形、金黄色）、金塔柏 'Beverleyensis'（树冠圆锥形、金黄色）、窄冠侧柏 'Zhaiguancebai'（树冠窄、亮绿色）。

【栽培】阳性，幼树略耐半荫。较圆柏生长快、易移栽。播种繁殖为主。

【特色】幼树树冠圆锥形；对有毒气体的抗性强。

【应用】观姿型常绿乔木。可丛植、列植、植篱。本种因枝叶密集而抗台风性差。

千头柏

干香柏

【学名】**Cupressus duclouxiana** Hickel

【分布】中国云南、四川。

【识别】生鳞叶的小枝不排成一个平面、不下垂，一年生小枝四棱形，鳞叶蓝绿色，微被蜡质白粉。

【栽培】阳性。播种、扦插繁殖。

【特色】具有古朴典雅的美感；树干、枝叶具萜类香味物质。

【应用】观姿型、香化常绿乔木。特别适合单植、丛植、群植。

柏木

【学名】**Cupressus funebris** Endl.

【分布】中国西南、华南、华中、华东。

【识别】柏木与同属其他植物的主要区别是，生鳞叶的小枝排成一个平面、下垂。侧柏属的侧柏的小枝也排成一个平面，但不下垂。

【栽培】阳性。能在微碱性或石灰石山地上生长。播种繁殖。比松木的病虫害少很多。

【特色】树干、枝叶具香味物质。

【应用】观姿型、香化常绿乔木。可单植、丛植、列植，特别适合荒山绿化、疏林改造。

绒柏

【学名】**Chamaecyparis pisifera**（Sieb. et Zucc.）Endl. 'Squarrosa'

【分布】原种产于日本。品种引入中国南京、杭州、庐山等地栽培。

【识别】叶线形，长6~8mm，柔软，先端尖，叶的中脉两侧有白粉带。

【栽培】阳性。扦插、嫁接繁殖。

【特色】叶线形、柔软、白色，似绒毛，故称"绒柏"。

【应用】观叶型常绿灌木/小乔木。可单植、丛植。

水杉

【学名】**Metasequoia glyptostroboides** Hu et Cheng

【分布】中国湖北、四川。

【识别】水杉属仅存1种。水杉小枝下垂，侧生小枝近对生，叶线形，排成2列；种鳞交互对生。水杉和粗框的叶都排为2列，但前者的叶较柔软，叶表面翠绿色；后者的叶较革质，叶表面深绿色。种加词意指与水松相似——线形叶排成2列，在冬季和小枝一起脱落，但后者的叶3型，种鳞螺旋状排列。

【栽培】阳性，耐低温，耐碱不耐盐，土壤干燥或易积水则生长不良。秋末落叶之后至初春长叶之前移植。播种、扦插繁殖。

【特色】幼树树冠圆锥形；树干基部膨大；季相植物（叶色转橙至红）。

【应用】观叶型落叶乔木。可列植、丛植、群植，特别适合滨水湖畔的岸上。

【备注】杉科已并入柏科，水杉、落羽杉、水松、柳杉等均并入柏科。

水松

【学名】**Glyptostrobus pensilis**（Staunt. ex D. Don）Koch

【分布】中国四川、云南、广西、广东、江西。

【识别】水松属仅1种。裸子植物仅水松、澳杉**Wollemia nobilis** W. G. Jones, K. D. Hill et J. m. Allen等少数种类具有3型叶。水松的叶3型：鳞形叶螺旋状排列冬季不落叶；线形叶常排成2列；线状钻形叶辐射伸展或排成3列，线形叶及线状钻形叶与侧生小枝在冬季一同脱落。

【栽培】阳性，耐水湿，不耐低温。播种、扦插繁殖。

【特色】具呼吸根；树干基部膨大成柱槽状；季相植物。

【应用】观根型、观茎型、观叶型半常绿乔木。可列植、丛植、群植，尤其适合滨水湖畔及岸边，可构筑剪影景观（柱槽状的倒影非常优美）。

落羽杉

【学名】**Taxodium distichum**（L.）Rich.

【分布】北美东南部。

【识别】落羽杉属排列呈羽状的叶片和侧生小枝一起脱落，故称"落羽杉"。落羽杉和墨西哥落羽杉**T. mucronatum** Tenore的区别是，前者的叶呈2列，后者的叶螺旋状排列。落羽杉和水杉的侧生小枝的叶都呈羽状排列，但前者种鳞螺旋状排列。

【栽培】阳性，适应性强（耐低温，耐水湿，耐干旱，抗风性强）。初春长叶前移植。播种、扦插繁殖。

【特色】常有屈膝状的呼吸根；茎干基部在水中异常膨大；季相植物（铜红色）。

【应用】观姿型、观根型、观茎型、观叶型落叶大乔木。可列植、丛植、群植，尤其适合低洼地、海岸。

【备注】耐水湿的树木较少，耐水湿的植物一般不耐干旱，反之亦然，而本种属于例外。

柏科

柳杉

【学名】**Cryptomeria japonica**〔Thunb. ex L. f.〕D. Don var. **sinensis** Miquel

【分布】中国四川、云南、福建、浙江、江西。

【识别】柳杉属和同科其他属的主要区别是，叶钻形，雄球花单生叶腋、集生于小枝端部。柳杉和日本柳杉**C. japonica**的主要区别是，前者的叶全部内曲，与主枝的夹角是15°~30°，种鳞约20片；后者的叶少数内曲，与主枝的夹角是35°~45°，种鳞20~30片。

【栽培】稍耐荫。5年后生长迅速。播种、扦插繁殖。

【特色】雄球花集生于小枝端部，呈穗状。

【应用】观花型常绿大乔木。可列植、丛植、群植，尤其适合造林。

红豆杉科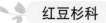

粗榧

【学名】**Cephalotaxus sinensis**〔Rehder & E. H. Wilson〕H. L. Li

【分布】中国西南、华中、华南、华东（种加词sinensis意指产自中国）。

【识别】粗榧和同属其他种的主要区别是：叶整齐排成2列，线形，长宽之比为（7~10）：1，雄球花6~7聚生成头状（Cephalotaxus意指与红豆杉属Taxus相似的雄球花聚生为头状的植物）。

【栽培】稍耐荫。播种（常雌雄异株）、扦插繁殖。

【特色】叶线形，排成一个平面。

【应用】观叶型常绿乔木。可丛植、列植、群植，可配置于草坪边缘或大乔木下（耐半荫），特别适合工矿区绿化（抗性强），可修剪成盆景（萌芽性强、耐修剪）。

【备注】三尖杉属已并入红豆杉科Taxaceae（均有肉质假种皮）。

南方红豆杉

【学名】**Taxus wallichiana** Zucc. var. **mairei**（Lemée et H. Léveillé）L. K. Fu et Nan Li

【分布】中国河南及以南地区（西藏除外）。

【识别】红豆杉科包括6个属。红豆杉属和同科其他5属的区别是，小枝不规则互生，叶螺旋状着生（若叶的基部扭转则呈2列），叶面中脉明显。南方红豆杉和红豆杉属其他种的区别，小枝扁平，叶镰状线形，20~35mm×2.5~4mm，革质，中脉的颜色明显异于气孔带。

【栽培】稍耐荫。播种、扦插繁殖。

【特色】红色肉质假种皮。

【应用】观果型常绿大乔木。可单植、丛植、列植、群植，可配置于草坪边缘或大乔木下，也可盆栽。

日本五针松

【学名】**Pinus parviflora** Sieb. et Zucc.

【分布】日本。

【识别】松科分为4个亚科10属232种；其中，松属有119种，为松科最大的属。故本书重点介绍松属，其他亚科各介绍1种。松亚科（仅松属）和其他亚科的主要区别是，前者的针叶成束，后者的叶（针叶或线形叶）均不成束。本种和松属其他种的主要区别是，针叶5针一束，叶鞘早落，针叶短于5.5cm，窄于1cm，种子具翅，并和翅等长。

【栽培】阳性。扦插、嫁接（以黑松为砧木）繁殖。

【特色】生长缓慢，可修剪成各种造型。

【应用】观姿型常绿乔木。可单植、对植、丛植，特别适合与假山相配，可修剪成各式高级桩景、盆景。

白皮松

【学名】**Pinus bungeana** Zucc. ex Endl.

【分布】中国山西、河南、陕西、甘肃、四川、湖北。

【识别】本种和松属其他种的主要区别是，针叶3针一束，叶鞘早落，一年生小枝近平滑，叶枕不明显隆起，球果长5~7cm。

【栽培】阳性。耐贫瘠、干冷，忌积水，高温、高湿下生长不良。播种或嫁接（以油松为砧木）繁殖。

【特色】幼树茎干光滑、灰绿色，树皮脱落后呈淡绿色；老树茎干淡灰褐色或灰白色，树皮脱落后呈粉白色，故称白皮松。白皮松茎干的色泽是松科中最独特的。

【应用】观茎型常绿大乔木。可单植、丛植，尤其适合配置于坡地（不积水、便于观赏茎干）。

马尾松

【学名】**Pinus massoniana** Lamb.

【分布】中国河南及以南地区。

【识别】本种和松属其他种类的主要区别是，针叶常2针一束，叶鞘宿存，针叶纤细，长12~20cm，雌球花2.5~7cm×2.5~5cm，淡紫红色。

【栽培】阳性。生长迅速。播种繁殖。松材线虫病是松树的一种毁灭性流行病，一旦发生，则难以防治。

【特色】雌球花淡紫红色。

【应用】观花型常绿大乔木。可群植，尤其适合造林。若用于造景，应确保树冠不高于视线。

黄山松

【学名】**Pinus taiwanensis** Hayata

【分布】中国台湾、福建、浙江、安徽、江西、湖南、湖北、河南等地山地。

【识别】本种与松属其他种类的主要区别是，针叶2针一束，长5~13cm，叶鞘宿存，针叶内树脂道中生，球果长3~5cm。

【栽培】阳性。喜凉爽湿润的气候，耐瘠薄，但生长非常迟缓。深根性，在土层深厚、排水良好的酸性土的平地或南坡生长良好。播种繁殖。

【特色】树姿优美，在黄山被赋予浓郁的文化色彩，被誉为"迎客松"、"送客松"。

【应用】观姿型常绿大乔木。可单植，尤其适合配置于土层深厚的坡地。可构筑剪影景观。

黑松

【学名】**Pinus thunbergii** Parl.

【分布】日本、韩国。

【识别】本种与松属其他种类的主要区别是，针叶2针一束，长6~12cm，粗、坚韧，叶鞘宿存，针叶内树脂道中生，球果长4~6cm。

【栽培】阳性。生长慢。抗海风，耐盐雾，抗病虫能力强。适合凉爽湿润的海洋性气候。播种繁殖。

【特色】树姿优美。

【应用】观姿型常绿大乔木。可单植、丛植，特别适合配置于海滩（种植在海边时植株的生长高度受限）。

蓝雾刺杉

【学名】**Picea pungens** Engelm. 'Misty Blue'

【分布】刺杉（原产美国落基山脉）的栽培品种。

【识别】本栽培品种和原种的叶均为四棱状，先端尖、呈刺状（种加词"pungens"意指刺状，故原种称为刺杉），但前者的叶粉蓝色，后者的叶蓝绿色。

【栽培】阳性。播种繁殖。

【特色】刺杉属部分树木的叶属于蓝色系，但多少带绿色而呈蓝绿色，或为灰蓝色，而本栽培品种为粉蓝色。

【应用】观叶型常绿大乔木。宜单植，并以绿色叶植物为背景。

油杉

【学名】**Keteleeria fortunei** （Murr.）Carr.

【分布】华南、华东。

【识别】油杉的主要特征是，叶在侧枝上排成两列，线形，长1.2~3cm，上面无气孔线，种鳞最宽处位于中部以上，球果较大，6~18cm×5~6.5cm。

【栽培】阳性。播种繁殖。

【特色】圆锥形树冠，大枝开展。

【应用】观姿型常绿大乔木。可单植、丛植、群植。

雪松

【学名】**Cedrus deodara**（Roxb.）G. Don

【分布】中国西藏。

【识别】雪松属与其他属的主要区别：常绿，针叶在长枝上螺旋状排列，在短枝上成簇，但不成束，常具三棱，或呈四棱状，球果次年成熟。本种与北非雪松**C. atlantica** Manetti的主要区别是，前者的小枝常微下垂，叶三棱状，长2.5~5cm，球果较大，7~12cm×5~9cm；后者的小枝常不下垂，叶四棱状，长1.5~3.5cm，球果较小，7cm×4cm。

【栽培】阳性。播种、扦插繁殖。

【特色】塔形至圆锥形树冠。

【应用】观姿型常绿大乔木。可单植、丛植、列植、群植，特别适合配置于草坪，可扎、剪成不同造型。

2.3 被子植物

延药睡莲

【学名】**Nymphaea nouchali** N. L. Burman（异名：*N. stellata* Willd.）

【分布】中国云南、广东、海南、台湾、安徽、湖北、湖南，以及南亚、东南亚、澳大利亚。

【识别】叶两面无毛，叶缘近全缘或具波状钝齿；雄蕊花药隔先端具长附属物；柱头具10~30辐射线，先端成短角，但无附属物。

【栽培】阳性。播种繁殖。

【特色】花鲜艳（白色杂以紫色，蓝色或紫红色）。

【应用】观花型多年生浮水植物。特别适合景区水生植物区种植。

【备注】分子系统学研究表明早期的睡莲科（具3亚科）是一个复系，其中，睡莲亚科、莼亚科位于被子植物系统树的基部；而莲亚科位于真双子叶植物的基部。故本章先介绍新的睡莲科（该科植物都没有出水叶，是浮水植物），在真双子叶植物部分再介绍新的莲科（仅1属）——挺水植物。

王莲

【学名】**Victoria amazonica**
（Poepp.）Klotzsch
【分布】南美洲北部。
【识别】王莲属共2种——王莲和克鲁兹王莲**V. cruziana** Orb.，叶浮于水面，叶缘全部往上翘，异于其他水生植物。其中，王莲的叶缘往上翘、竖直，似培养皿（如图），克鲁兹王莲的叶缘往上翘、内曲。
【栽培】阳性。播种繁殖。
【特色】叶大型，似培养皿，最多可承重70 kg；花粉红色。
【应用】观叶型、观花型多年生浮水植物。特别适合景区水生植物区种植。

克鲁兹王莲

【学名】**Victoria cruziana** Orb.
【分布】阿根廷、玻利维亚。
【识别】克鲁兹王莲与王莲相似，但前者叶缘较厚，上翘并内曲（图中左侧叶片），花蕾仅基部具刺；后者叶缘较薄，上翘并竖直（图中右侧叶片），花蕾全部具刺（图中上部花蕾）。
【栽培】阳性。播种繁殖。
【特色】叶大型；花从白色转为粉红色。
【应用】观叶型、观花型多年生浮水植物。特别适合景区水生植物区种植。

荷花玉兰

【学名】**Magnolia grandiflora** L.

【分布】北美洲东南部。

【识别】本种与同属其他种类的主要区别是，常绿；托叶与叶柄离生，叶柄上无托叶痕，叶背具锈色短绒毛；先叶后花；花大，直径15~20cm，花被片近相似，花药内向开裂。

【栽培】阳性，幼苗耐荫。根系深。播种、压条、嫁接（紫玉兰为砧木）繁殖。

【特色】叶表绿色，叶背锈色，花大而香。

【应用】观叶型、观花型常绿乔木。可单植、丛植、列植。

含笑花（含笑）

【学名】**Magnolia figo**（Lour.）DC.［异名：*Michelia figo*（Lour.）Spreng.］

【分布】华南。

【识别】本种的主要特征是，叶厚革质，具光泽，叶柄不明显（短于4 mm），托叶与叶柄连生，在叶柄上留有环状托叶痕；花被片质厚，带肉质，淡黄色，边缘常染有紫色，甚香。木兰科（狭义）和桑科的榕属Ficus L.常有环状托叶痕，但前者无白色乳汁，后者有白色乳汁。

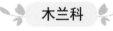

【栽培】阳性。高压、扦插繁殖。

【特色】叶革质，具光泽，可修剪成不同造型；花甚香（似香蕉味）。

【应用】浓香型常绿灌木，观姿类景观植物。常修剪成球形。

【备注】本种开花时，午后放香，到晚上逐渐淡去直至无味，数日如此。

木兰科

白兰（白兰花，白玉兰）

【学名】**Magnolia × alba**（DC.）Figlar（异名：*Michelia × alba* DC.）

【分布】杂交种。

【识别】叶长椭圆形或披针状椭圆形，长10~27cm×4~9.5cm，叶柄明显（长1.5~2cm），托叶与叶柄连生，在叶柄上留有托叶痕，叶薄革质，网脉稀疏；花被近同形，外轮较大，白色，甚香。

【栽培】阳性。高压、嫁接（用黄兰**Michelia champaca** L.等作砧木）繁殖。

【特色】树冠浓密；花甚香。

【应用】浓香型常绿乔木植物。可丛植、列植。

木兰科

紫玉兰

【学名】**Yulania liliiflora**（Desr.）D. L. Fu（异名：*Magnolia liliflora* Desr.）

【分布】中国云南、四川、重庆、陕西、湖北、福建。

【识别】本种与同属其他种类的主要区别是，叶身下延至基部；花、叶同期，外侧花被片3，长2~3.5cm，萼片状，淡紫绿色（即图中紫红色花被片下方的披针形花被片），早落，内侧花被片6~9，长4~10cm，花瓣状，紫红色（内面淡紫色）。

【栽培】阳性。播种、扦插、高压繁殖。

【特色】花紫红色是木兰科中最鲜艳的。

【应用】观花型落叶乔木。可单植、丛植、列植。

二乔木兰

【学名】Yulania × soulangeana（Soul.-Bod.）D. L. Fu（异名：*Magnolia soulangeana* Soul.-Bod.）

【分布】杂交种。

【识别】本种是玉兰与辛夷的杂交种。二乔木兰和紫玉兰的主要区别是，前者先花后叶，花被片6~9，淡紫色至紫红色；后者花叶同期，花被片9~12，外侧花被片淡紫绿色，明显小于内侧花被片，内侧花被片均为紫红色（内面淡紫色）。

【栽培】阳性。嫁接、高压、扦插繁殖。

【特色】花淡紫色至紫红色，先花后叶（花期会延长到新叶长出），花朵极为醒目。

【应用】观花型落叶乔木。可单植、丛植、列植。

玉兰（白玉兰）

【学名】Yulania denudata（Desr.）D. L. Fu（异名：*Magnolia denudata* Desr.）

【分布】中国浙江、江西、湖南、贵州。

【识别】本种和玉兰属其他种的主要区别是，叶先端尖；外侧花被片约为内侧花被片的三分之二，基部不呈爪状，白色，或有时基部呈淡红色，雌蕊群无毛。

【栽培】阳性。高压、压条、嫁接（靠接或切接）繁殖。

【特色】花白色，虽无紫玉兰的花色鲜艳，但先花后叶，别有一番景象。

【应用】观花型落叶乔木。可单植、丛植、列植。

大花紫玉盘（山椒子）

【学名】**Uvaria grandiflora** Roxb. ex Hornem.

【分布】中国广西、广东、海南，以及南亚、东南亚。

【识别】紫玉盘属Uvaria L.和同科其他属的主要区别是，花瓣6片，2轮，覆瓦状排列，开展。山椒子和同属其他植物的主要区别是，花大，直径约10cm，心皮圆柱状。

【栽培】稍耐荫。播种繁殖。

【特色】花大，故称"大花紫玉盘"，种加词也是大花之意。花瓣向外伸展，似海星。果橙黄色，悬挂在"果盘"上，似辣椒，故称"山椒子"。

【应用】观花型、观果型攀援灌木。特别适合与山石相配。

垂枝暗罗（印度塔树）

【学名】Monoon longifolium（Sonn.）B. Xue et R. M. K. Sounders［异名：*Polyalthia longifolia*（Sonn.）Thwaites］

【分布】印度、斯里兰卡。

【识别】本种的主要特征是，树冠窄圆锥形，侧枝下垂，叶缘波状。本种的叶片和桑科的柳叶榕**Ficus binnendijkii** Miq.相似，但后者具气生根，树冠不呈窄圆锥形，叶缘不呈波状。

【栽培】阳性，喜高温高湿，耐旱，耐瘠，生长慢，不耐荫。播种繁殖。

【特色】树冠窄圆锥形，侧枝下垂，树冠紧密。

【应用】观姿类常绿乔木。可单植、丛植、列植。在印度某些地区作为宗教树种。

景观植物识别与应用

山地番荔枝（山刺番荔枝）

【学名】Annona montana Macfad.

【分布】热带美洲。

【识别】番荔枝属与同科其他属的
主要区别是，外侧花瓣离生，心皮
合生，果为聚合果。山地番荔枝和刺
果番荔枝A. muricata L.的果皮均具软
刺，但前者内轮花瓣内面呈红色，果
卵形；后者的不呈红色，果长卵形、
歪斜、弯曲。《中国植物志》（对刺

果番荔枝的描述有误，所配的插图5是山地番荔枝的果实，而非刺果番荔枝的果实）。

【栽培】阳性。播种繁殖。

【特色】果具刺；可食（酸甜味）。

【应用】观果型乔木。水果。可丛植。特别适合观光果园和休闲农场。

台湾释迦（凤梨释迦）

【学名】Annona × atemoya Mabb.

【分布】为番荔枝Annona squamosa L.和冷子
番荔枝A. cherimola Mill.的杂交种。本杂交种
经台湾地区的专业人士不断改良而大量推广，
故称为"台湾释迦"。

【识别】与番荔枝（直径5~10cm）相似，但果
实较大，直径可达到15~20cm，重量可达0.5 kg
以上；果实表面因合生心皮先端明显凸起（凸
起程度因品种而异）而极为不平整，似凤梨，
故也称为"凤梨释迦"。一些文章称本杂交种
是由凤梨和番荔枝杂交而来，完全是望"名"
生义。

【栽培】阳性。播种繁殖。

【特色】果大，表面明显凸起，立体感强；非常甜。

【应用】观果型乔木。甜蜜型水果。特别适合观光果园和休闲农场。

【备注】番荔枝是早期番荔枝科最主要的水果，20世纪80年代售价可达16元/kg，为当时内
地最昂贵的水果，由于可食部分占比、耐寒性均不如台湾释迦，已被后者逐渐替代。

鹰爪花

【学名】**Artabotrys hexapetalus**（L. f.）Bhandari

【分布】中国云南、中国华南、华东，以及印度、斯里兰卡。

【识别】鹰爪花属与同科其他属的主要区别是，藤状灌木，萼片、花瓣镊合状排列，心皮离生，总花梗和总果柄均弯曲呈钩状。鹰爪花与同属其他种类的主要区别是，叶面无毛，叶背沿中脉上被疏柔毛或无毛，侧脉8~16对，花1~2朵，较大，长3~4.5cm，心皮无喙。

【栽培】阳性。播种繁殖。

【特色】花香；果聚生于总果柄。

【应用】观果型藤状灌木。香化（浓香）植物。特别适合休闲农场。

蜡梅

【学名】**Chimonanthus praecox**（L.）Link

【分布】中国西南、华中、华东、华北。

【识别】蜡梅科2属，蜡梅属的芽具鳞片，花腋生，可育雄蕊5~8；夏蜡梅属**Calycanthus** L.的芽不具鳞片，花顶生，可育雄蕊16~19。蜡梅与同属其他种类的主要区别是，叶背具短柔毛，花被片黄色，内侧基部紫红色。

【栽培】阳性，耐荫，耐旱，忌积水。嫁接、分株、压条、播种繁殖。

【特色】花甚香。

【应用】浓香型落叶灌木。特别适合群植，或与假山配置，也是春节的插花（瓶插）植物。

樟

【学名】Cinnamomum camphora（L.）J. Presl

【分布】中国长江以南，以及韩国、日本、越南。

【识别】本种的主要特征是，树皮粗糙，呈不规则纵裂，枝、叶及木材均有樟脑气味；叶离基三出脉，两面无毛或下面幼时略被微柔毛；圆锥花序长于5cm，无毛或近于无毛。

【栽培】阳性。喜湿润，忌积水。播种繁殖。樟为常绿乔木，但每年4~5月落叶与新芽长叶同时进行——"半落叶"（左图照片摄于4月下旬）。某校胸径1.3m的樟反复落叶，相关人员误以为是正常换叶，至2017年7月几乎全部落叶，根系几乎全腐，笔者开始复壮救治，至2018年3月才抽梢长新叶，2019年春季再度抽梢长新叶后，才最终确认成活。

【特色】大量分枝，枝条自然弯曲伸展。

【应用】观姿类常绿乔木。可单植、丛植。

阴香

【学名】Cinnamomum burmanni（Nees et T. Nees）Blume

【分布】中国长江以南，以及韩国、日本、越南。

【识别】本种和樟的主要区别是，树皮较光滑；叶互生或近对生。

【栽培】阳性。播种繁殖。

【特色】树冠浓密。

【应用】常绿乔木，林荫树。可列植、丛植。

楼斗菜

【学名】**Aquilegia viridiflora** Pall.

【分布】中国华北、东北、西北。

【识别】萼片、花瓣淡黄绿色，花瓣具较瓣片长的、直的距。

【栽培】忌夏季高温曝晒。播种、分株繁殖。

【特色】花瓣具较瓣片长的距。

【应用】观花型多年生草本植物。特别适合片植，可配置于林缘或山石旁。

南天竹

【学名】**Nandina domestica** Thunb.

【分布】中国河南及以南地区，以及日本、印度。

【识别】南天竹属仅1种，与同科其他种的主要区别是，常绿灌木，二至三回羽状复叶，羽片全缘。

【栽培】耐荫，耐寒，耐湿。播种、分株繁殖。

【特色】二~三回羽状复叶，冬季叶转红；果实红色。

【应用】观叶型、观果型常绿灌木。特别适合配置于花坛或与假山相配，也可作为盆栽植物配置于室内。南天竹和十大功劳是小檗科中最常使用的园林植物。

十大功劳

【学名】Mahonia fortunei（Lindl.）Fedde

【分布】中国四川、重庆、湖北、湖南、广西、贵州、江西、浙江、台湾。

【识别】小檗科有17属650种，为多年生草本或灌木，稀为小乔木，多用于药用，少数用于观赏。十大功劳属与同科其他属的主要区别是，常绿小乔木或灌木，一回奇数羽状复叶。十大功劳和同属其他种类的主要区别是，小叶2~5对，羽片具刺齿；总状花序4~10个簇生，花梗与苞片等长。

【栽培】忌烈日曝晒。播种、扦插、分株繁殖。

【特色】羽状复叶，具刺齿；果实紫色，被白粉。

【应用】观叶型、观果型常绿灌木。特别适合配置于花坛或与假山相配，也可作为盆栽植物。

日本小檗

【学名】Berberis thunbergii DC.

【分布】日本。

【识别】小檗属与同科其他属的主要区别是，灌木，具刺，单叶。日本小檗与同属其他植物的主要区别是，落叶灌木，茎刺常不分叉，枝无毛，叶全缘，花2~5朵组成伞形花序，萼片带红色。

【栽培】稍耐荫。耐旱、贫瘠。扦插、播种繁殖。

【特色】萼片带红色，花瓣黄色，紫叶品种在落叶前始终为紫红色（如右图）。

【应用】观花型、观果型落叶灌木。为本属园林应用最广的种类，紫叶品种特别适合与草坪、山石相配置，也可作刺篱。

澳洲坚果

【**学名**】*Macadamia ternifolia* F. Muell.

【**分布**】澳大利亚东南部。

【**识别**】澳洲坚果属与同科其他属主要区别是，叶轮生或近对生，不分裂，花两性，坚果，种子球形或半球形。澳洲坚果与四叶澳洲坚果的主要区别是，前者叶3枚轮生或近对生，边缘具疏生牙齿或全缘，叶柄长4~15mm，种皮光滑；后者叶4枚轮生，边缘具牙齿，叶柄长2mm或几无，种皮具皱纹或稍凹的网纹。

【**栽培**】阳性。播种繁殖。

【**特色**】果实开裂，露出球形的种子，种皮骨质、坚硬，咖啡色，种仁味美。

【**应用**】观果型常绿乔木；高级坚果。特别适合观光果园、休闲农场。

银桦

【**学名**】*Grevillea robusta* A. Cunn. ex R. Br.

【**分布**】澳大利亚东部。

【**识别**】银桦属与同科其他属的主要区别是，叶互生，二回羽状分裂，花两性，蓇葖果，种子盘状，边缘具翅。银桦与同属其他种类的主要区别是，叶长15~30cm，羽片7~15对，总状花序，长7~14cm，腋生，或排成少分枝的顶生圆锥花序，花橙色或黄褐色，花被管长约1cm，果卵状椭圆形，15×7mm。

【**栽培**】阳性。病虫害甚少。播种繁殖。

【**特色**】花橙色或黄褐色。

【**应用**】观花型常绿乔木。曾是昆明等地最主要的行道树，应控制树高。

轮花

【学名】**Banksia spinulosa** Sm.

【分布】澳大利亚东部。

【识别】轮花和银桦的花形相似，但前者的叶线形，花橙红色，呈密集的轮状排列；后者的叶二回羽状分裂，花黄色，向外辐射伸展。

【栽培】阳性。播种繁殖。

【特色】花橙红色。

【应用】观花型常绿灌木。特别适合配置于水体边。

莲（荷花）

【学名】**Nelumbo nucifera** Gaertn.

【分布】东亚、东南亚、南亚至澳大利亚。

【识别】莲属仅2种。莲与美洲莲**N. lutea**（Willd.）Pers.的主要区别是，前者的花白色至粉红色，后者的花淡黄色。

【栽培】阳性。播种、分藕繁殖。

【特色】叶伸出水面，花白色至粉红色；种子（莲子）、根状茎（藕）可食，叶有清热之功效。

【应用】观叶型、观花型挺水植物。传统的人文意境植物——出淤泥而不染。"五树六花"之一。

【备注】莲属已不再归属睡莲科，详见本书P52。

一球悬铃木

【学名】**Platanus occidentalis** L.

【分布】北美洲。

【识别】一球悬铃木与同属其他种的主要区别是，叶多为3浅裂；果序常单生，稀2个。

【栽培】阳性，抗污染，不抗风。扦插、播种繁殖。

【特色】树冠浓密；落叶后凸显树枝各式弯曲、向四周伸展，没有两株的树形雷同。

【应用】观姿类落叶乔木。列植，特别适合作为林荫树。

【备注】悬铃木属也被称为法国梧桐属，因其叶子与梧桐科的落叶乔木——梧桐**Firmiana simplex**（L.）W. Wight的掌状3~5裂的叶相似，而悬铃木属的三球悬铃木**P. orientalis** L.产于欧洲东南部和亚洲西南部。悬铃木属与梧桐的差异显著，后者为青绿色的茎干、枝条，圆锥花序，蓇葖果。

灌木五桠果

【学名】**Dillenia suffruticosa**（Griff.）Martelli

【分布】东南亚。

【识别】灌木，叶阔卵形，花黄色。

【栽培】阳性，播种繁殖。

【特色】叶具明显的羽状脉，花多、大、鲜艳。

【应用】观叶型、观花型常绿灌木。特别适合配置于花坛。

五桠果（第伦桃）

【学名】Dillenia indica L.

【分布】中国云南、广西，以及南亚、东南亚。

【识别】五桠果属与同科其他属的主要区别是，乔木，羽状侧脉显著，花大，萼片肉质，花后宿存、常增大，心皮4~20，生于圆锥形花托。五桠果和同属其他种类的主要区别：羽状侧脉（20~）30~40（~70），花单生，白色，直径12~20cm，花药孔裂，心皮16~20，聚合果黄绿色，直径10~15cm。

【栽培】阳性，喜高温、湿润。播种繁殖。

【特色】树形优美，树皮红褐色或黄褐色，羽状脉，果实大。

【应用】观姿类、观叶型、观花型、观果型常绿乔木。特别适合单植，应防止落果伤人。

大花五桠果

【学名】Dillenia turbinata Finet et Gagnep.

【分布】中国云南、广西、海南，以及越南。

【识别】大花五桠果与同属其他种类的主要区别：羽状侧脉（9~）15~22（~40），总状花序，花蕾直径小于5cm，花黄色，直径12~20cm，花药孔裂，心皮8~9，聚合果红色，直径4~5cm。

【栽培】阳性，喜高温、湿润。播种繁殖。

【特色】羽状脉，果实鲜艳。

【应用】观叶型、观果型常绿乔木。可丛植、列植、群植。

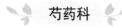

五桠果科

澳藤

【学名】**Hibbertia scandens**（Willd.）Gilg
【分布】澳大利亚新南威尔士和昆士兰。
【识别】藤本，叶互生，全缘，花单生，黄色，与本科其他种类容易区分。
【栽培】阳性。扦插繁殖。
【特色】花金黄色。
【应用】观花型常绿藤本。需搭设花架。
【备注】有的专著将本种称为"蛇藤"，但《中国植物志》和《Flora of China》的蛇藤是指鼠李科植物。

芍药科

牡丹

【学名】**Paeonia suffruticosa** Andr.
【分布】中国安徽、河南。
【识别】芍药科仅1属。牡丹与同属其他植物的主要区别是，灌木，叶常为二回三出复叶，叶柄、叶轴均无毛，顶生小叶宽卵形，7~8cm×5.5~7cm，3裂至中部，裂片不裂或3浅裂，侧生小叶狭卵形或长圆状卵形，不裂至3浅裂，近无柄，花单生当年枝顶，花盘发达、革质，完全包住心皮。
【栽培】夏季忌高温直射。播种（培育新品种）、分株、嫁接繁殖。
【特色】花大，有玫瑰色、红紫色、粉红色至白色。
【应用】观花型落叶灌木。传统人文意境植物，《诗经》已记载。
【备注】芍药属原归于毛茛科，现已提升至单独的1科，详见《Flora of China》。

红花檵木

【学名】**Loropetalum chinense**（R. Brown）Oliv. var. **rubrum** Yieh

【分布】中国广西、湖南。

【识别】红花檵木与同属其他种类的主要区别是，叶长2~5cm，上面常有粗毛，先端短尖，花紫红色。红花檵木和日本小檗的紫叶品种的叶色相似，但前者的叶革质，后者的叶纸质，枝条具刺。

【栽培】阳性，稍耐阴（若光照不足叶变为绿色）。扦插、嫁接、播种繁殖。

【特色】新叶紫红色、紫黑色；花紫红色。可修剪、蟠扎成不同造型。

【应用】观姿类、观叶型、观花型常绿灌木/小乔木。常修剪成不同造型的绿篱，或制成单干式、双干式、枯干式、曲干式和丛林式等不同形式的高级盆景。

香茶藨子

【学名】**Ribes odoratum** Wendl.

【分布】北美洲。

【识别】茶藨子属与同科其他属的主要区别是，灌木，叶常掌状分裂，互生，雄蕊与萼片同数，萼片花瓣状，花瓣鳞片状，浆果。香茶藨子与同属其他种类的主要区别是，直立灌木，高1m以上，小枝无刺，花两性，芳香，总状花序长2~5cm，具花5~10朵，萼筒管形，长1.2~1.5cm。

【栽培】阳性。耐寒、耐盐碱、耐贫瘠。扦插、播种繁殖。

【特色】花小，但花的数量多。花香。

【应用】观花型落叶灌木。香化植物。特别适合配置于花坛。

落地生根

【学名】**Kalanchoe pinnata**（Lam.）Pers.［异名：*Bryophyllum pinnatum*（L. f.）Oken］

【分布】马达加斯加。

【识别】叶缘有圆齿，圆齿底部容易形成珠芽，珠芽落地后即可产生新的植株，故称为"落地生根"，英文则称为"leaf of life""tree of life""air plant"。

【栽培】阳性。分株、扦插、播种繁殖。

【特色】叶缘产生珠芽后，形成叶生叶的景观；顶生花序红色，在冬季少花季节开放，特别醒目。

【应用】观叶型、观花型多年生草本植物。特别适合与山石相配置。

棒叶落地生根

【学名】**Kalanchoe delagoensis** Eckl. et Zeyh.［异名：*Bryophyllum delagoense*（Eckl. et Zeyh.）Druce］

【分布】马达加斯加。

【识别】叶棒形，粉绿色至浅褐色，具深绿色至深褐色斑纹，顶端具珠芽。

【栽培】阳性。分株繁殖。

【特色】叶具色斑，顶端具珠芽；顶生花序红色，在冬季少花季节开放，特别醒目。

【应用】观叶型、观花型多年生草本植物。特别适合与山石相配置，也可用于屋顶绿化。

异叶地锦（异叶爬墙虎）

【学名】**Parthenocissus dalzielii** Gagnep.

【分布】中国河南及以南地区。

【识别】地锦属与同科其他属的主要区别是，卷须总状多分枝，遇附着物后扩大成吸盘，花5数，花瓣分离。异叶地锦与同属其他种类的主要区别是，卷须嫩时顶端膨大成圆珠状，有显著的两型叶，主枝或短枝上集生有三小叶组成的复叶，侧出较小的长枝常散生较小的单叶。

【栽培】喜阴湿，耐旱、阳光直射。扦插、播种、压条繁殖。

【特色】可爬满墙面、树干；季相植物（叶转红色）。

【应用】观叶型落叶藤本。垂直绿化的优良素材（见第1章图57），还有良好的隔热效果。

【备注】异叶地锦与同科的地锦**P. tricuspidata**（S. et Z.）Planch.相似，但后者为单叶，掌状3浅裂。《中国植物志》（第48卷）和《Flora of China》（第12卷）的"地锦"是指葡萄科的**P. tricuspidata**，《中国植物志》（第44卷第3册）和《Flora of China》（第11卷）的"地锦"是指大戟科的**Euphorbia humifusa** Willd. ex Schlecht.，故再次"异物同名"，鉴于"地锦"在古代（如《本草纲目》）就已用于指葡萄科植物，而"地锦"被用于指大戟科植物是源于20世纪的《中国高等植物图鉴》，故本书沿用"地锦""异叶地锦"作为葡萄科植物的中名，而将E. humifusa改称"铺地锦"，意指沿地面匍匐。

窗帘藤（锦屏藤）

【学名】**Cissus verticillata**（L.）Nicolson et C. E. Jarvis（异名：*C. sicyoides* L.）

【分布】中美洲、南美洲。

【识别】白粉藤属和同科其他属的主要区别是，卷须常不分枝或二叉分枝，复二歧聚伞花序或二级分枝集生成伞形，与叶对生，花4数，花瓣分离。窗帘藤与同属其他种类的主要区别是，气生根下垂，初为紫色，后转黄绿色，叶卵形，叶基心形。

【栽培】稍耐荫，耐旱。扦插繁殖，生长迅速，笔者于2007年扦插，2008年即爬满花架（见左图）。

【特色】气生根下垂，可长达4m，若种在建筑物边上，酷似窗帘，故称"窗帘藤"。

【应用】观根型常绿藤本植物。需搭设花架。

朱缨花（美蕊花，美洲合欢）

【学名】**Calliandra haematocephala** Hassk.

【分布】南美洲。

【识别】朱缨花属与含羞草亚科其他属的主要区别是，雄蕊多数，红色或白色，显著外露，下部连合成管，荚果线形，扁平，劲直或微弯，2瓣开裂。朱缨花与同属其他种类的主要区别是，二回羽状复叶，羽片1对，小羽片7~9对，花丝离生部分长约2cm，深红色，荚果线状倒披针形，6~11cm×0.5~1.3cm。

【栽培】阳性。播种（但引种中很少见到结实）、扦插繁殖。

【特色】花鲜红。

【应用】观花型灌木。热带、南亚热带常用，特别适合配置于隔离带，或与乔木搭配。

【备注】豆科分为3个亚科（也有人主张将豆科分为3个科，但非单系，故仍作为1个科较为合适）：

（1）含羞草亚科：花辐射对称，花瓣镊合状排列；

（2）云实亚科：花稍两侧对称，近轴的1枚花瓣位于相邻两侧的花瓣之内，花丝通常分离；

（3）蝶形花亚科：花明显两侧对称，花冠蝶形，1枚旗瓣在花蕾中位于上方、外侧，2枚翼瓣位于两侧，对称，2枚龙骨瓣位于最内侧，雄蕊通常为二体（9+1）雄蕊或单体雄蕊。

苏里南朱缨花

【学名】**Calliandra surinamensis** Benth.

【分布】南美洲。

【识别】苏里南朱缨花和朱缨花的主要区别是，雄蕊上部水红色，下部白色。

【栽培】阳性。扦插、播种繁殖。

【特色】花双色。

【应用】观花型灌木。特别适合与草坪配置。

红粉扑花

【学名】Calliandra tergemina（L.）Benth. var. **emarginata**（Humb. & Bonpl. ex Willd.）Barneby

【分布】热带美洲。

【识别】本种与苏里南朱缨花和朱缨花的花相似，但前者仅基部具白色，白色所占比例居于后两者之间。

【栽培】阳性。扦插、播种繁殖。

【特色】花双色。

【应用】观花型灌木。特别适合与草坪配置。

南洋楹

【学名】**Falcataria moluccana**（Miq.）Barneby et J. W. Grimes ［异名：*Albizia falcataria*（L.）Fosberg］

【分布】马来西亚、印度尼西亚。

【识别】南洋楹属（共3种）与合欢属的主要区别是，前者为穗状花序单生或数个组成圆锥花序；后者为头状花序。南洋楹与同属其他种的主要区别是，小羽片6~26对，1~1.5cm×0.3~0.6cm。南洋楹和紫葳科的蓝花楹**Jacaranda mimosifolia** D. Don都是二回羽状复叶，但前者的叶互生，后者的叶对生。

【栽培】阳性。播种繁殖。

【特色】树干通直，树冠开展呈伞形。

【应用】观姿型常绿乔木。可单植、列植、丛植。

豆科

加勒比合欢

【学名】**Albizia niopoides**（Spruce ex Benth.）Burkart

【分布】热带美洲。

【识别】加勒比合欢和南洋楹较为相似，前者树干分枝点低，小羽片仅宽1~2mm；后者树干通直，小叶宽3~6mm。

【栽培】阳性。播种繁殖。

【特色】树冠开展呈伞形。

【应用】观姿型乔木。美洲最优美的风景树和林荫树，特别适合单植。

【备注】本种在引种时被误定为*Piptadenia macrocarpa* Benth.〔即**Anadenanthera colubrina var. cebil**（Griseb.）Altschul〕，直至2009年7月笔者采到花，才确定为合欢属植物，命名为加勒比合欢。

豆科

台湾相思（相思树）

【学名】**Acacia confusa** Merr.

【分布】中国福建、台湾，以及东南亚。

【识别】金合欢属与含羞草亚科其他属的主要区别是，二回羽状复叶，或叶片退化，叶柄变为叶片状（即叶状柄），花常为黄色（故称"金合欢属"），雄蕊多数，花丝分离或仅基部稍连合。台湾相思与同属其他种类的主要区别是，叶片退化成叶状柄，6~10cm×0.4~1cm，花组成球形的头状花序。

【栽培】阳性。耐旱，耐贫瘠。播种繁殖。

【特色】花金黄色；特别适合水土保持和沿海防护。

【应用】观花型常绿乔木。可单植、列植、丛植。特别适合作为水土保持和沿海防护林。

银荆（鱼骨松、鱼骨槐）

【学名】Acacia dealbata Link ［异名：*A. decurrens* Willd. var. *dealbata*（Link）Maiden］

【分布】澳大利亚。

【识别】银荆与同属其他种类的主要区别是，叶银灰色，小羽片线形，细小，约3mm×0.5mm，故称"鱼骨松"或"鱼骨槐"——远观，叶轴和小叶轴就像大的鱼骨，近看，小叶轴和小羽片就像小的鱼骨。

【栽培】阳性。耐旱，耐贫瘠。播种繁殖。

【特色】花金黄色；蜜源植物。

【应用】观叶型、观花型常绿乔木。可单植、列植、丛植。特别适合观光果园和休闲农场。

银叶金合欢

【学名】Acacia podalyriifolia A.Cunn. ex G.Don

【分布】澳大利亚东部。

【识别】银叶金合欢与同属其他植物的主要区别是，成龄株的叶卵圆形、银灰色。

【栽培】阳性。耐旱，耐贫瘠。播种繁殖。

【特色】成龄株的叶卵圆形、银灰色，花金黄色。

【应用】观叶型、观花型常绿灌木/小乔木。可单植、列植、丛植，以绿色叶植物作背景，效果更佳。

凤凰木

【学名】**Delonix regia**（Boj. ex Hook.）Raf.

【分布】马达加斯加。

【识别】凤凰木属与云实亚科其他属的主要区别是，高大乔木，无刺，二回偶数羽状复叶，花两性，花托盘状或陀螺状，荚果带形，扁平，下垂，果瓣木质。凤凰木与同属其他种的主要区别是，花鲜红至橙红色。凤凰木和南洋楹的树冠相似，但前者的小羽片长圆形，后者的小羽片菱状长圆形。

【栽培】阳性。耐旱，耐贫瘠。播种繁殖。排水不良容易出现根腐病。

【特色】花鲜红或橙红色。

【应用】观姿型、观花型落叶乔木。可单植、列植。

红凤花（金凤花）

【学名】**Caesalpinia pulcherrima**（L.）Sw.

【分布】中美洲。

【识别】云实属与云实亚科其他属的主要区别是，通常有刺，二回羽状复叶，花两性，两侧对称。金凤花与同属其他种类的主要区别，花冠红色、镶有金边，后全红，雄蕊、雌蕊红色。本种与黄凤花 'Flava' 相似，但后者花冠黄色，雄蕊、雌蕊黄色。

【栽培】阳性。播种繁殖。

【特色】花序大、鲜艳。

黄凤花

【应用】观花型常绿灌木。特别适合配置于草坪和花坛。

【备注】《中国植物志》（第39卷）和《Flora of China》（第10卷）将本种称为"金凤花"，但《中国植物志》（第47卷第2册）和《Flora of China》（第12卷）的"金凤花"是指凤仙花科凤仙花属的**Impatiens cyathiflora** Hook. f.，再次"异物同名"，故本书将本种改称"红凤花"，将I.cyathiflora改称"金凤仙花"。

紫荆

【学名】Cercis chinensis Bunge

【分布】中国河北南至浙江，陕西南至云南。

【识别】紫荆属与云实亚科其他属的主要区别是，单叶，花紫红色或粉红色，能育雄蕊10枚，荚果腹缝具狭翅。紫荆和同属其他种的主要区别：花簇生，无总花梗。

【栽培】阳性。播种、扦插、分株、压条繁殖。

【特色】花紫红色或粉红色。

【应用】观花型落叶灌木。可单植、列植、丛植、群植。

豆科

洋紫荆

【学名】Bauhinia variegata L.

【分布】中国云南以及中南半岛。

【识别】羊蹄甲属和紫荆属相似，但前者荚果无翅，能育雄蕊通常3枚或5枚，若为10枚时则花白色、淡黄色或绿色。洋紫荆的花为紫红色，可育雄蕊5枚。洋紫荆与羊蹄甲**B. purpurea** L.的花色相近，但前者具可育雄蕊5枚，退化雄蕊1~5枚，后者的可育雄蕊3枚，退化雄蕊5~6枚。

【栽培】阳性。播种繁殖。

【特色】花大，紫红色。

【应用】观花型落叶乔木。可单植、列植、丛植。

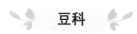

豆科

白花洋紫荆

【学名】Bauhinia variegata L. var. **candida**
（Roxb.）Voigt

【分布】中国云南。

【识别】白花洋紫荆为洋紫荆的变种，前者的花为白色，近轴的一片或有时全部花瓣均杂以淡黄色的斑块，无退化雄蕊；后者的花为紫红色，杂以黄绿色及暗紫色的斑纹，具退化雄蕊。白花洋紫荆与白花羊蹄甲 **B. acuminata** L.相似（花色相近，均无退化雄蕊），但前者具可育雄蕊5枚，后者为10枚。

【栽培】阳性。播种繁殖。

【特色】花大，白色。

【应用】观花型落叶乔木。可单植、列植、丛植。

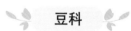

豆科

羊蹄甲

【学名】Bauhinia purpurea L.

【分布】中国南部以及中南半岛。

【识别】羊蹄甲与同属其他种的主要区别：小乔木，不为藤本，能育雄蕊3枚，退化雄蕊5~6（图中3枚末端向上弯曲的粉红色雄蕊为可育雄蕊，6枚线形的淡粉红色雄蕊为退化雄蕊）。

【栽培】阳性。播种繁殖。

【特色】花大，粉红色。

【应用】观花型落叶小乔木。可单植、列植、丛植。

【备注】红花羊蹄甲**Bauhinia × blakeana** Dunn是羊蹄甲和洋紫荆的杂交种，不育。

红扇羊蹄甲

【学名】**Bauhinia galpinii** N.E.Br.

【分布】南部非洲。

【识别】本种与同属其他种的主要区别：花瓣扇形、具长柄，能育雄蕊3枚（即图中的3枚红色雄蕊），退化雄蕊7，果线状长圆形，具翅。

【栽培】阳性。播种繁殖。

【特色】花大，红色。

【应用】观花型蔓性常绿灌木。可单植、列植、丛植。

黄花羊蹄甲

【学名】**Bauhinia tomentosa** L.

【分布】南部非洲。

【识别】本种与同属其他种的主要区别：花瓣淡黄色，开花时花瓣相互覆叠为一钟形的花冠。

【栽培】阳性。播种繁殖。

【特色】花冠钟形，淡黄色。

【应用】观花型常绿灌木。

翅荚决明

【学名】**Senna alata**（L.）Roxb.（异名：*Cassia alata* L.）

【分布】热带美洲。

【识别】偶数羽状复叶，叶柄、叶轴具纵棱和狭翅，荚果长带状，每果瓣的中央顶部有直贯至基部的翅（果的截面呈"十"字形），翅纸质，具圆钝的齿。

【栽培】阳性。耐贫瘠。播种繁殖。

【特色】花期可达10个月；花序大，花金黄色，极为显著。

【应用】观花型常绿灌木。可片植，特别适合坡地美化。

【备注】《中国植物志》所用学名已作为异名，见《Flora of China》。

黄槐决明

【学名】**Senna surattensis**（Burm.f.）H. S. Irwin et Barneby（异名：*Cassia surattensis* Burm.）

【分布】南亚、东南亚。

【识别】黄槐决明与粉叶决明**S. sulfurea**（Colladon）H. S. Irwin et Barneby较相似，但前者的叶长10~15cm，羽片6~9对，果颈5~7mm；后者的叶长15~30cm，羽片4~6对，果颈10~20mm。

【栽培】阳性。树冠较密，需要修剪，否则抗台风性差。播种繁殖。

【特色】花金黄色；花期非常长；花小，但在盛花期花的数量非常。

【应用】观花型常绿灌木/小乔木。可列植、丛植、群植，特别适合小区种植。

【备注】黄槐决明与黄花槐**Sophora xanthantha** C. Y. Ma不同，前者为云实亚科的灌木或小乔木，果圆柱形，后者为蝶形花亚科的草本或亚灌木，果串珠状。苗木市场所售的"黄花槐"均为黄槐决明。

腊肠树（阿勃勒）

【学名】Cassia fistula L.

【分布】南亚、缅甸。

【识别】荚果圆柱形，长30~60cm，直径2~2.5cm，黑褐色，不开裂，酷似悬在空中的腊肠，故称"腊肠树"。紫葳科的菜豆树属Radermachera Zoll. et Mor. 也有圆柱形的果实，但为蒴果，直径不超过1cm。

【栽培】阳光不足则花少。播种繁殖，发芽迅速，但播种过密，容易出现猝倒病；若温度较低，则种子不发育，位于鼓浪屿的腊肠树结实后种子都是空的，而位于厦门岛的厦门大学的腊肠树种子发育良好。

【特色】花序大、密集、下垂，花金黄色，故英文名为"golden shower"，即"金色的雨"。

【应用】观花型、观果型落叶乔木。可单植、列植、丛植、群植，特别适合与草坪配置。

爪哇决明

【学名】Cassia javanica L.

【分布】印度至新几内亚岛。

【识别】本种有7个亚种，原种的花为粉红色。

【栽培】阳性。播种繁殖。

【特色】树冠开展，花序密集、鲜艳。

【应用】观姿型、观花型落叶乔木。可单植、列植、丛植、群植，特别适合与草坪配置。

🌿 **豆科** 🌿

云南无忧花

【学名】**Saraca griffithiana** Prain

【分布】中国南部，以及中南半岛。

【识别】无忧花属与同科其他种的主要区别是，乔木，一回偶数羽状复叶，小苞片2枚，近对生，非萼片或花瓣状，无花瓣，花药背着，药室纵裂。本种与同属其他种的主要区别是，雄蕊4，全发育。

【栽培】阳性。播种繁殖。

【特色】花密集，黄色。

【应用】观花型常绿乔木。可单植、列植、丛植。

🌿 **豆科** 🌿

紫檀

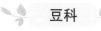

【学名】**Pterocarpus indicus** Willd.

【分布】中国云南、广东、台湾，以及印度、东南亚、新几内亚岛、太平洋群岛。

【识别】紫檀属与蝶形花亚科其他属的主要区别是，奇数羽状复叶，花黄色，荚果圆形，扁平，边缘环绕阔而硬的翅。紫檀的主要特征：高达28m，胸径达1.3m；羽片3~5对，卵形；花瓣有长柄，边缘皱波状，旗瓣宽10~13mm，雄蕊10，单体，最后分为5+5的二体；荚果圆形，扁平，宽约5cm。

【栽培】阳性。播种繁殖。

【特色】枝叶密集；花金黄色（图片摄于鼓浪屿，为国内最大的紫檀古树，高28m，胸径1.3m）。

【应用】观花型落叶大乔木。适合单植。

【备注】本种不属于红木家具的紫檀木类。根据新的国家标准，红木共29种，分属豆科和柿树科的8类。这8类中的第一类——紫檀木类，是指檀香紫檀**P. santalinus** L.f.（也称小叶紫檀，具香味，与檀香科的檀香**Santalum album** L.不同，后者主要作为名贵的药材和香料），其他的紫檀属红木（包括紫檀）被称为花梨木类。植物学上的"红木"是指红木科红木属的植物，学名为**Bixa orellana** L.。

蝶豆

【学名】**Clitoria ternatea** L.

【分布】中国云南、华南、福建、台湾、浙江，以及东南亚、阿拉伯半岛、非洲。

【识别】和与属其他种的主要区别是，羽片5~7。

【栽培】阳性。播种繁殖。

【特色】花多，鲜艳。

【应用】观花型草质藤本。

龙爪槐

【学名】**Sophora japonica** L. f. **pendula** Loud.

【分布】槐的变型。

【识别】枝和小枝均下垂，并向不同方向弯曲盘悬，形似龙爪，故称"龙爪槐"。远看似龙爪榆**Ulmus pumila** L. 'Pendula'，都有"龙爪"和下垂的枝条，但前者为羽状复叶，全缘，后者为单叶，叶缘具齿。

【栽培】稍耐荫。嫁接繁殖。

【特色】树冠奇异，果串珠状。

【应用】观姿型、观果型落叶乔木。可单植、列植，特别适合与建筑物、山石相配置。

紫藤

【学名】**Wisteria sinensis**（Sims）DC.

【分布】中国河北以南黄河长江流域及广西、贵州、云南。

【识别】紫藤属与蝶形花亚科其他属的主要区别是，落叶大藤本，奇数羽状复叶，总状花序顶生，下垂，花冠（蓝）紫色或白色，荚果串珠状。紫藤与同属其他种的主要区别：茎左旋，羽片3~6对，花序长15~30cm，紫色。

【栽培】阳性。实生苗初为灌木状，数年后旺梢的顶端才表现出缠绕性。播种、扦插、分株、压条繁殖。

【特色】花多（每个花序可多达百朵），鲜艳，花几乎同时开放，蔚为壮观，是最优美的藤本植物之一。

【应用】观花型落叶藤本；传统的人文意境植物，古代诗画的题材，例如，李白曾作诗《紫藤树》："紫藤挂云木，花蔓宜阳春……"。因属大型藤本，需要搭设花架。花多，可建成"花廊"。

藤萝

【学名】**Wisteria villosa** Rehd.

【分布】中国河北、山东、江苏、安徽、河南。

【识别】藤萝与同属其他种的主要区别：茎左旋，羽片4~5对，花序长30~35cm，花淡蓝紫色。

【栽培】阳性。抗污染。最初为灌木状，长出缠绕枝后，能自行缠绕。播种、扦插、压条繁殖。

【特色】花多，鲜艳；花可食用，是藤萝饼、藤萝粥等的食材。

【应用】观花型落叶藤本；传统的人文意境植物，古代诗画的题材，例如，唐代李德裕曾作诗《忆新藤》："遥闻碧潭上，春晚藤萝开……"需搭设花架。特别适合休闲农场。

樱桃

【学名】**Cerasus pseudocerasus**（Lindl.）Loudon

【分布】中国西南、华中、华东、华北以及辽宁。

【识别】樱属与同科其他种类的主要区别是，落叶乔木或灌木，单叶，叶缘具锯齿，幼叶在芽中为对折状，花单生或数朵着生在短总状或伞房状花序，基部常有苞片，心皮1，子房上位，核果，多汁，果核平滑或稍有皱纹。樱桃与同属其他种的主要区别是，腋芽1，叶卵形至宽卵形，先端尾尖，叶缘锯齿尖，花瓣顶端微凹，花柱无毛。

【栽培】阳性。播种、扦插、高压、嫁接繁殖。

【特色】果实鲜红；落叶果树中成熟最早的一种水果（上图照片摄于4月底）。

【应用】观果型落叶乔木；水果。可单植、丛植，特别适合配置于观光果园、休闲农场。

钟花樱桃（福建山樱花，绯樱）

【学名】**Cerasus campanulata**（Maxim.）A. N. Vassiljeva

【分布】中国浙江、福建、台湾、广东、广西。

【识别】主要特征是，伞形花序，花2~4，萼筒钟形，花粉红色，悬垂似挂钟。

【栽培】阳性。播种、扦插、嫁接繁殖。

【特色】花多，粉红色，悬垂似挂钟，是本属中分布最南（耐热）的种类。

【应用】观花型落叶灌木/乔木。可单植、丛植、群植，特别适合配置于建筑物前。

郁李

【学名】**Prunus japonica** Thunb. ［异名：*Cerasus japonica*（Thunb.）Lois.］

【分布】中国浙江、福建、台湾、广东、广西。

【识别】与同属其他植物主要区别是，腋芽3，叶片中部以下最宽，花1~3簇生，萼片反折，花白色或略带粉红色。

【栽培】阳性。播种、扦插、嫁接繁殖。

【特色】花多，白色或略带粉红色，繁密如云。

【应用】观花型落叶灌木。特别适合配置于建筑物前或拐角处。

桃

【学名】**Prunus persica**（L.）Batsch（异名 *Amygdalus persica* L.）

【分布】中国北方。

【识别】主要特征是，叶片侧脉不直达叶缘，在叶边结合成网状，花单生，果核大，椭圆形或近圆形，两侧扁平，顶端渐尖，表面具纵、横沟纹和孔穴。碧桃为观赏桃的重瓣品种（如右图）。

【栽培】阳性。播种、嫁接繁殖。

【特色】花多，粉红色。

【应用】桃为观果型落叶乔木，水果，特别适合配置于观光果园、休闲农场。碧桃为观花型景观植物，可单植、丛植、群植，特别适合配置于建筑物前。桃、碧桃均为北方树种，近期有将碧桃引种至在热带、南亚热带气候区域种植，由于温度过高，很容易出现桃树流胶病，最终导致树势衰弱。

火棘（火把果，救命粮，救军粮）

【学名】**Pyracantha fortuneana**（Maxim.）H. L. Li

【分布】中国陕西及以南地区。

【识别】火棘属与同科其他种类的主要区别是，常绿，具枝刺，花白色，子房半下位，梨果小，内含小核5粒。火棘与同属其他种的主要区别是，叶片倒卵形或倒卵状长圆形，叶缘具圆钝锯齿，两面无毛，花梗长1cm。

【栽培】阳性。耐旱，耐贫瘠。播种、扦插繁殖。

【特色】花白色，果（橙）红；可食用。

【应用】观花型、观果型常绿灌木；可作为绿篱或高级盆景，特别适合配置于风景区，或观光果园、休闲农场。

阿尔泰山楂

【学名】**Crataegus altaica**（Loudon）Lange

【分布】中国新疆，以及俄罗斯。

【识别】山楂属和火棘属相似，前者落叶，稀半常绿，心皮1~5，各有成熟的胚珠1枚；后者常绿，心皮5，各有成熟的胚珠2枚。阿尔泰山楂与同属其他种类的主要区别是，果实鲜黄色。

【栽培】阳性。耐寒。播种（隔年发芽）、扦插繁殖。

【特色】果实鲜黄色。

【应用】观果型落叶乔木。可单植、丛植，特别适合配置于观光果园、休闲农场。

红叶石楠

【学名】**Photinia × fraseri** Dress

【分布】本种为杂交种。

【识别】石楠属与同科其他属主要区别是，常绿，稀落叶，叶片有锯齿，稀全缘，心皮部分离生，子房半下位，梨果2~5室。红叶石楠与同属其他种类的主要区别是，新叶呈红色。红叶石楠和光叶石楠**P. glabra**（Thunb.）Maxim.的新叶都呈红色，但前者的叶缘具尖锐细锯齿，后者为浅钝细锯齿。

【栽培】阳性。扦插繁殖。

【特色】新叶红色。

【应用】观叶型常绿灌木。为近十年南方常用的季节性色叶绿篱植物。

桃叶石楠

【学名】**Photinia prunifolia**（Hook. et Arn.）Lindl.

【分布】中国西南、华南、湖南、华东，以及日本、东南亚。

【识别】本种与同属其他植物的主要区别是，常绿，叶片下面有黑色腺点，叶缘具锯齿，叶柄长1~2.5cm，有腺体和锯齿；花序复伞房状，总花梗、花梗及萼筒外面微被长柔毛。

【栽培】稍耐荫。扦插、播种繁殖。

【特色】树冠球形，枝叶密集，花序顶生。季相植物，早春幼枝嫩叶为紫红色，后翠绿色，具光泽，老叶经过秋季后部分出现红褐色，夏季密生白色花朵，秋后鲜红果实缀满枝头。

【应用】观叶型、观花型、观果型常绿乔木。可单植、丛植、列植。也可修剪成不同造型。

重瓣棣棠花

【学名】**Kerria japonica**（L.）DC. f. **pleniflora**（Witte）Rehd.

【分布】为棣棠花的变型。

【识别】棣棠花属与鸡麻属**Rhodotypos** Sieb. et Zucc.较相似（中脉、侧脉明显下陷而呈褶皱状），但前者叶互生，花无副萼，黄色，5出，雌蕊5~8，各含胚珠1；后者叶对生，花有副萼，白色，4出，雌蕊4，各含胚珠2。

【栽培】喜半荫。微酸性土壤。扦插繁殖。

【特色】叶片褶皱状，花多，深黄色，故称"鸡蛋黄花"。

【应用】观花型落叶灌木。可作花篱，特别适合配置于林缘、水体边。

黄刺玫

【学名】**Rosa xanthina** Lindl.

【分布】华北、东北。

【识别】蔷薇属与同科其他属的主要区别是，灌木，常有刺，常羽状复叶，雌蕊多数，花托成熟时肉质而有色泽，瘦果生在杯状或坛状花托里面。黄刺玫与同属其他种的主要区别是，小枝仅具皮刺，无针刺，羽状复叶，羽片7~13，叶缘具齿，托叶贴生于叶柄，宿存，花单生，黄色，萼片和花瓣均为四数，花柱离生，比雄蕊短。

【栽培】稍耐荫。分株繁殖。

【特色】早春繁花满枝，颇为美观。

【应用】观花型落叶灌木。可作花篱，或片植。

紫叶风箱果

【学名】**Physocarpus opulifolius**（L.）Maxim. 'Summer Wine'

【分布】无毛风箱果（产加拿大东部至美国东部）的栽培品种。

【识别】本栽培品种和原种的叶均为单叶、3裂，但前者的叶为橙褐色转紫红色，后者的叶为绿色。

【栽培】阳性，若光照不足，则为暗红色。耐寒、耐贫瘠。扦插繁殖。

【特色】四季型全色叶植物，与其他多数色叶植物相比，本栽培品种的叶较大，更为醒目；白色花序顶生，伞形总状；花后即结果，红色，远看似白色的花转成红色。

【应用】观叶型、观花型、观果型落叶灌木。特别适合配置于草坪或作花篱，或点缀于庭院、建筑旁边。

榔榆

【学名】**Ulmus parvifolia** Jacq.

【分布】中国河北及以南地区，以及朝鲜、日本。

【识别】榆属与同科其他属的主要区别是，枝条无翅，羽状脉，翅果。榔榆与同属其他种类的主要区别是，落叶，叶革质，具明显的锯齿，花秋季开放，生于当年生枝的叶腋，簇生或排成簇状聚伞花序，花被片裂至杯状花被的基部或近基部，果核部分较两侧之翅为宽。

【栽培】阳性。耐旱，抗污染。播种或扦插繁殖。

【特色】树皮斑驳古雅，小枝弯垂，秋季叶色变红。

【应用】观茎型、观叶型落叶乔木。常孤植成景，种植于池畔、亭榭、假山或工厂旁，也可制成盆景。

中华金叶榆

【学名】**Ulmus pumila** L. 'Jinye'

【分布】榆树的栽培品种。

【识别】枝条比榆树更密集，树冠更丰满，叶金黄色。

【栽培】阳性。抗性强（耐旱、耐寒、耐贫瘠，抗污染）。嫁接繁殖。

【特色】新叶金黄色，但新枝萌发快，树冠的中上部始终为金黄色，下部为绿色。

【应用】观叶型落叶乔木。可单植、列植、丛植，也可修剪成各式造型的绿篱，是国内首个进入北京以北寒冷地区的乔灌皆宜的金叶树种。

龙爪榆

垂枝榆

【学名】**Ulmus pumila** L. 'Pendula'

【分布】榆树的栽培品种。

【识别】本种与垂枝榆 'Tenue' 相似，靠近末端的枝条均下垂，但前者枝条扭曲，后者的不扭曲；远看似豆科的龙爪槐**Sophora japonica** L. f. **pendula** Loud.，但前者为单叶，具锯齿，后者为羽状复叶，全缘。

【栽培】阳性。嫁接繁殖。

【特色】枝条卷曲或扭曲，似龙爪，故称为"龙爪榆"，靠近末端的枝条均下垂。

【应用】观姿型落叶小乔木。可单植、列植，特别适合与建筑物、山石相配置。

桑科

柳叶榕

【学名】**Ficus celebensis** Corner
【分布】苏拉威西岛。
【识别】枝叶下垂，叶线状披针形。
【栽培】阳性。扦插繁殖。
【特色】枝叶下垂，叶狭长，似柳树。
【应用】观叶型常绿乔木。特别适合配置于水体边。

桑科

榕树

【学名】**Ficus microcarpa** L. f.
【分布】中国浙江南部沿海至澳大利亚东部。
【识别】桑科的主要特征之一是具乳汁。若既有乳汁，又有气生根或环形托叶痕，那该植物就属于桑科。榕属与同科其他属的主要区别是，木本，雌雄花序均生于肉质壶形花序托内壁。榕树与同属其他种类的主要区别是，有气生根，叶薄革质，亮绿色，侧脉细密，雌雄同株，榕果腋生，红褐色。
【栽培】阳性。耐贫瘠，耐干燥，较耐湿。抗风性强，若倒伏，多因白蚁所致。扦插繁殖。
【特色】大量气生根、支持根；树冠浓密。
【应用】观姿类、观根型常绿乔木。常孤植成景，不适合作为狭窄街道的行道树。其品种黄金榕 'Golden Leaves' 叶金黄，是桑科最常见的色叶植物。

黄金榕

大琴叶榕

【学名】Ficus lyrata Warb.

【分布】西非。

【识别】茎干直立，较少分枝，叶厚革质，叶缘波状，先端常膨大呈提琴状，叶片较琴叶榕F. pandurata Hance的大，故称为"大琴叶榕"，市场上常见的所谓的琴叶榕均为本种。

【栽培】阳性。扦插繁殖。

【特色】叶大，提琴状。

【应用】观姿类、观叶型常绿乔木。可单植、丛植，特别适合配置于草坪。

高山榕（大叶榕）

【学名】Ficus altissima Bl.

【分布】中国广东、海南、广西、云南、贵州，以及南亚、东南亚和澳大利亚。

【识别】高山榕和黄葛树Ficus virens Ait.都被称为大叶榕，但前者常绿，叶革质，深绿、具光泽，先端急尖，榕果从黄色转红色；后者落叶，叶纸质，绿色，无光泽，先端渐尖，榕果从淡紫色转紫红色。

【栽培】阳性。扦插繁殖。若长期阴天或种植过密，容易出现煤烟病。

【特色】具气生根，位于西双版纳的打洛有1株高山榕，占地面积超过1200m^2，可谓独树成林。

【应用】观根型常绿乔木。"五树六花"之一。如果种植穴不够大，发达的根系会破坏路面。其品种金斑高山榕'Golden Edged'具黄色、淡绿色斑纹。

金斑高山榕

黄金垂叶榕

乳斑垂叶榕

桑科

垂叶榕（垂榕）

【学名】Ficus benjamina L.

【分布】中国广东、海南、广西、云南、贵州，以及南亚、东南亚和澳大利亚。

【识别】垂叶榕与榕树很相似，但前者的小枝、叶下垂，叶纸质，先端渐尖；后者的不下垂，叶革质，先端急尖。

【栽培】阳性。耐修剪，不抗风。扦插繁殖。

【特色】可修剪成柱状、球状等各种造型。

【应用】观姿类常绿乔木。常修剪、蟠结成各种造型，甚至可制成"绿亭"（见第1章图70）。在台风登陆的城市，应避免将垂叶榕（修剪成柱状或球状等造型的除外）种植在狭窄的道路隔离带。其品种乳斑垂叶榕 'Variegata'（叶具乳白色斑纹）和黄金垂叶榕 'Golden Leaves'（叶金黄色）常修剪成不同的造型。

黄葛树（大叶榕）

【学名】Ficus virens Aiton（异名：*F. virens* var. *sublanceolata*（Miq.）Corner）

【分布】中国广东、海南、广西、云南、贵州，以及南亚、东南亚和澳大利亚。

【识别】黄葛树和高山榕有时也被称为大叶榕，但前者落叶，叶绿色，无光泽，先端渐尖，榕果从淡紫色转紫红色；后者常绿，叶深绿、具光泽，先端急尖，榕果从黄色转红色。

【栽培】阳性。扦插繁殖。

【特色】枝条斜向上伸展，树形优美。

【应用】观姿类落叶/半落叶乔木。可单植、列植。

菩提树

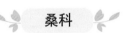

【学名】Ficus religiosa L.

【分布】印度、尼泊尔、巴基斯坦。

【识别】本种与同属其他种类的主要区别是，叶宽卵形至心形，先端具长达2.5~9cm的尾尖，叶柄与叶片等长，或长过叶片，雄花生于榕果内壁口部，子房上部红褐色。

【栽培】阳性。抗风性较差。高压、扦插或播种繁殖。若夏季树冠呈冬季枯黄状，则很可能是白翅叶蝉**Thaia rubiginosa** kuoh危害所致。白翅叶蝉危害严重的地区，应提前喷内吸式杀虫药。

【特色】叶具尾尖，新叶淡红色。

【应用】观叶型落叶乔木。"五树六花"之一。可单植、列植、丛植，特别适合配置于休闲农场，树叶经酸碱去除叶肉后可制成叶脉书签。在印度某些地区作为宗教树种。

乳斑印度榕

红叶印度榕

紫叶印度榕

桑科

印度榕（橡皮树，印度胶树）

【学名】**Ficus elastica** Roxb. ex Hornem.

【分布】中国云南西部，以及南亚、东南亚。

【识别】印度榕与同科其他种的主要区别是，大乔木，有气生根，叶椭圆形或矩圆形，厚革质，侧脉两面不明显，托叶甚长，红色，基生苞片风帽状早落。印度榕有很多品种，如绿叶系的绿叶印度榕 'Golden Edged'（叶亮绿色）、密叶印度榕 'Robusta'（叶绿色，枝叶较密集）和圆叶印度榕 'Sophia'（叶较小、较圆），黄叶系的金边印度榕 'Asahi'（叶缘具宽窄不等的黄色斑纹）、狭叶印度榕 'Doescheri'（叶较狭长、具黄色和淡绿色斑纹）、金叶印度榕 'Schrijveriana'（叶金黄色，中央杂有少量绿色斑块或斑点）和乳斑印度榕（叶具乳黄色斑纹），红叶系的红叶印度榕 'Rubra' 和紫叶印度榕 'Decora burgundy' 等。部分黄叶系品种的彩色斑纹与金斑高山榕相似，但前者的侧脉细、不明显，托叶始终为红色，后者的侧脉明显，托叶不呈红色。

红色托叶

【栽培】阳性。扦插繁殖。

【特色】大量气生根；叶墨绿色、具光泽。

【应用】观根型、观叶型常绿乔木。特别适合单植，不适合作为狭窄街道的行道树。

大果榕

【学名】**Ficus auriculata** Lour.

【分布】中国西南、广西、海南，以及南亚、越南。

【识别】本种与同属其他种类的主要区别是，叶广卵状心形，15~55cm×15~27cm，先端钝，具短尖，基部心形，稀圆形，边缘具整齐细锯齿，榕果簇生于树干基部或老茎短枝上，梨形、扁球形至陀螺形。

【栽培】耐半荫。扦插繁殖。

【特色】树冠开展，叶大，老茎生花，果实密集。

【应用】观姿类、观叶型、观果型常绿乔木。可单植、丛植，特别适合配置于草坪、观光果园。

对叶榕

【学名】**Ficus hispida** L. f.

【分布】中国云南、贵州以及华南，南亚、东南亚和澳大利亚。

【识别】叶对生。榕果陀螺形。

【栽培】阳性。播种繁殖。

【特色】果实除了部分腋生外，大多生于枝干或下垂的果枝。

【应用】观果型灌木/小乔木。可单植，特别适合配置于草坪。

薜荔

【学名】**Ficus pumila** L.

【分布】中国西南、华南、华东、陕西，以及越南。

【识别】叶两型，不结果枝节上生不定根，叶卵状心形；结果枝上无不定根，叶卵状椭圆形，上面无毛，背面被柔毛，侧脉3~4对，在上面下陷，背面明显凸起。

【栽培】阳性。扦插、播种繁殖。

【特色】枝叶密集。

【应用】观果型常绿木质藤本。用于垂枝绿化。

波罗蜜（木波罗，树波罗，牛肚子果）

【学名】**Artocarpus heterophyllus** Lam.

【分布】印度西高止山。

【识别】本种与同科其他种类的主要区别是，叶螺旋状排列，革质，表面墨绿色，叶背浅绿色，老茎生花，果实巨大，表面具瘤凸。波罗蜜和榴莲**Durio zibethinus** Murr.的果实都属于烈香型水果，果实表面外都有凸起物，但前者为桑科植物，聚花果，无圆锥状的粗刺，成熟后不开裂，主要食用部分为肉质花被片；后者为木棉科，蒴果，具圆锥状的粗刺，成熟后开裂，食用部分为假种皮（见右下图）。

【栽培】阳性。根系深，较难移栽。播种繁殖。

【特色】老茎生花，果实巨大，浓香型水果，果肉鲜食（湿苞类型软、粘腻、水分多，干苞类型脆、不粘、水分少、更香），种子煮食。

【应用】观果型常绿乔木；热带著名水果。可单植、丛植，特别适合配置于观光果园、休闲农场。

榴莲

面包树

【学名】**Artocarpus altilis**（Parkinson）Fosberg［*A. incisus*（Thunb.）L. f.，*A. communis* J. R. Forst. et G. Forst.］

【分布】太平洋群岛。

【识别】本种与同属的波罗蜜都具有较大、表面具瘤凸的聚花果，但前者的叶常羽状分裂，后者的全缘。本种与猴面包树不同，后者属于木棉科，掌状复叶，见本书P149。

【栽培】阳性。播种繁殖。

【特色】果实巨大；煮食。

【应用】观叶型、观果型常绿乔木。可单植、丛植，特别适合配置于观光果园、休闲农场。

桑（桑树）

【学名】**Morus alba** L.

【分布】中国中部和北方。

【识别】桑属与同科其他种类的主要区别是，基生叶脉三~五出，侧脉羽状，雄花序穗状，雄花花丝在花芽时内折，花药外向。桑与同属其他种的主要区别是，叶背脉腋具毛，雌花无花柱，柱头内侧具乳头状凸起，聚花果短于2.5cm。

【栽培】阳性。耐严寒，耐旱，耐水湿，抗风，抗污染。生长快，萌芽力强，耐修剪，寿命长，一般可达数百年，有的可达上千年（如位于泉州的古桑树龄1300年，见左上图）。播种、嫁接、扦插、分株繁殖。若作为果桑，应防止新近出现的菌核病。

【特色】果穗（紫）红色至紫黑色，为新流行的水果，早期入药，中医上的桑椹是指干燥果穗，主治肝肾阴虚，眩晕耳鸣，心悸失眠，须发早白……桑叶（经初霜后采收）、桑白皮、桑枝等均入药。

【应用】观果型落叶乔木；水果。可单植、列植、丛植，特别适合配置于观光果园、休闲农场。桑树早期用作养蚕，即蚕桑，现开始用作果树，即果桑，大果品种可一年结果5次，特别适合采摘。

桑科

构树

【**学名**】**Broussonetia papyrifera**（L.）L' Hér. ex Vent.

【**分布**】东亚、东南亚。

【**识别**】构树属与同科其他属的主要区别是，雄花序假穗状或总状，雌花序为球形头状花序，雌花被管状；花柱单一。构树与同属其他植物的主要区别是，高大乔木，枝粗而直。

【**栽培**】阳性。抗性强。速生。扦插、播种繁殖。

【**特色**】叶两型，幼树的叶大多分裂；果球形，鲜红色；果可食。中医学将果称为楮实子，主治肝肾不足，腰膝酸软，虚劳骨蒸，头晕目昏，目生翳膜，水肿胀满。构树的根、皮、叶也入药。

【**应用**】观果型落叶乔木。可单植、丛植、列植。特别适合郊野公园、山地景区、观光果园和休闲农场。

荨麻科

花叶冷水花

【**学名**】**Pilea cadierei** Gagnep. et Guill.

【**分布**】中国贵州、云南，以及越南。

【**识别**】叶片沿三出脉和二级脉之间有近白色斑纹，似西瓜皮。与胡椒科的西瓜皮椒草**Peperomia argyreia**（Hook. f.）E.Morren的斑纹类似，但后者的叶盾形，11条辐射状排列的主脉之间的斑纹呈淡绿色，更似西瓜皮。

【**栽培**】喜半荫。扦插、播种繁殖。

【**特色**】色斑较亮丽。

【**应用**】观叶型多年生草本/亚灌木。片植，特别适合配置于跨线桥、立交桥下方。

【**备注**】"荨麻科"和"荨麻"的"荨"读作"qian"，"荨麻疹"的"荨"读作"xun"，同一个字在两个词语中的读音之所以不同，是因为荨麻疹常非荨麻所致。但荨麻确能蜇人——荨麻的刺毛会断裂，所释放出的汁液对人和动物有较强的刺激作用。荨麻有毒，但也可用于治疗荨麻疹。

巧克力冷水花

【学名】**Pilea spruceana** Wedd. 'Norfolk'

【分布】是南美冷水花的栽培品种。

【识别】叶片呈巧克力褐色，沿三出脉和二级脉之间有银灰色斑纹，易于与其他植物区分。

【栽培】喜半荫。扦插繁殖。

【特色】色斑较亮丽。

【应用】观叶型、观花型多年生草本/亚灌木。片植，特别适合花坛种植，也可盆栽。

杨梅

【学名】**Myrica rubra**（Lour.）Sieb. et Zucc.

【分布】中国西南、华南、华东，以及朝鲜半岛、日本、菲律宾。

【识别】杨梅的主要特征是，叶较大，长6~16cm；雄花具2~4枚小苞片，雌花具4枚小苞片；核果球形。

【栽培】喜荫，耐旱耐瘠。播种、嫁接、压条繁殖，扦插则需要使用去丹宁剂浸泡后再使用生根粉处理。

【特色】水果。共生固氮，退耕还林、防止水土流失的最优树种之一，防火林的最优树种之一。

【应用】观果型常绿乔木；水果；体现传统人文意境——望梅止渴；生态林、防火林。

枫杨

【学名】**Pterocarya stenoptera** C. DC.

【分布】中国辽宁及以南地区，以及朝鲜半岛、日本。

【识别】胡桃科的主要特征之一是羽状复叶。枫杨属与同科其他属的主要区别是，雄花序单一、下垂，果实坚果状，具双翅。枫杨与同属其他种的主要区别是，裸芽，叶轴具翅，6~12cm×2~3cm。

【栽培】阳性，略耐湿，后期生长迅速。播种繁殖。

【特色】树冠浓密；羽状复叶；雄花序众多、下垂。

【应用】观花型落叶乔木。可单植、丛植，特别适合作为林荫树。

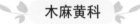 木麻黄科

木麻黄

【学名】**Casuarina equisetifolia** L.

【分布】东南亚、大洋洲。

【识别】木麻黄科4属97种。木麻黄与同属其他种的主要区别是，小枝具显著的棱，柔软、下垂，每轮通常具齿状叶7枚，稀为6或8枚；果序长12~25cm。

【栽培】阳性，耐干旱，耐盐碱，抗风沙，耐贫瘠，生长迅速，萌芽力强。扦插繁殖。

【特色】抗性强，尤其抗风沙。

【应用】常绿乔木，热带、南亚热带海岸防风固沙的优良先锋树种。

【备注】有一次接待北方同行，对方指着木麻黄说他们当地也有，笔者当即质疑，如果当地有，一定是置于温室，否则无法过冬。但他坚持说是在室外，接着他又说，该植物可以产麻黄碱。笔者当即告诉他，他是把木麻黄误当作裸子植物的麻黄属植物**Ephedra** Tourn ex L.，后者为灌木至草本，绝无乔木。

千头木麻黄

【学名】**Allocasuarina nana**（Sieber ex Spreng.）L.A.S.Johnson（异名：*Casuarina nana* Sieber ex Spreng.）

【分布】澳大利亚东南部。

【识别】和木麻黄相似，但仅高2m。

【栽培】阳性，耐干旱，耐盐碱，抗风沙，耐贫瘠，生长迅速，萌芽力强。扦插繁殖。

【特色】抗性强，尤其抗风沙；易于修剪成型。

【应用】常绿灌木，热带、南亚热带海岸防风固沙的优良树种。

四季海棠

【学名】**Begonia cucullata** Willd.（异名：*Begonia semperflorens* Link et Otto）

【分布】巴西。

【识别】叶片深绿，具光泽，雄花花被片4，交互对生，外轮明显大于内轮。

【栽培】阳性。分株、扦插、播种繁殖。

【特色】花多，鲜艳。

【应用】观花型多年生草本植物。本种和斑叶竹节海棠**B. maculata Raddi**是秋海棠科中各地最常见的家庭盆栽花卉，前者已大量用于花坛、花柱。

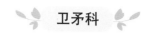
卫矛科

栓翅卫矛

【学名】**Euonymus phellomanus** Loes.

【分布】中国甘肃、陕西、河南及四川北部。

【识别】卫矛属与同科其他属的主要区别是，叶常对生，花为3出至多次分枝的聚伞圆锥花序，花部等数，萼、瓣异形、两轮，花盘发达、肥厚、扁平，蒴果。栓翅卫矛与同属其他植物的主要区别是，枝条硬直，常具4纵列木栓厚翅，最宽可达6mm。

【栽培】阳性。扦插、播种繁殖。

【特色】新叶、秋叶红色，果粉红，假种皮橙红。

【应用】观果型落叶灌木。特别适合作为道路绿篱。

卫矛科

白杜（丝绵木）

【学名】**Euonymus maackii** Rupr.

【分布】中国（西南除外），以及俄罗斯、朝鲜半岛。

【识别】白杜和栓翅卫矛均为卫矛属、浅裂卫矛组、双籽亚组、长丝系的种类，较相似，但前者无栓翅。

【栽培】阳性。扦插、播种繁殖。

【特色】秋叶红色，果粉红，假种皮橙红。

【应用】观叶型、观果型落叶小乔木。可单植、丛植、列植。特别适合配置于水体边。

卫矛

【学名】**Euonymus alatus**（Thunb.）Sieb.

【分布】中国（东北、新疆、青海、西藏、广东及海南除外），以及日本、朝鲜半岛。

【识别】卫矛和栓翅卫矛均具栓翅，但前者为灌木，蒴果深裂，后者为小乔木，蒴果浅裂。

【栽培】阳性。扦插、播种繁殖。

【特色】秋叶红色，果粉红，假种皮橙红。

【应用】观茎型、观叶型、观果型落叶灌木。

刺叶金莲木

【学名】**Ochna kirkii** Oliv.

【分布】东非。

【识别】金莲木属与同科其他属的主要区别是，叶无明显的边脉，雄蕊多数，2或多轮排列，花药顶孔开裂；无退化雄蕊，子房深裂，3~15室，胚珠每室1颗，核果。刺叶金莲木与同属其他植物的主要区别是，叶缘具1~2mm的细刺，萼片黄绿色，宿存、转为红色，花瓣金黄色，雄蕊宿存、转为红色。

【栽培】喜半荫、湿。扦插、播种繁殖。

【特色】萼片、雄蕊宿存，转为红色。

【应用】观花型、观果型常绿小乔木/灌木。特别适合配置于庭院或与山石相配置。

爪哇凤果

【学名】**Garcinia dulcis**（Roxb.）Kurz

【分布】从印度安达曼群岛经马来西亚、印度尼西亚、菲律宾至澳大利亚昆士兰。

【识别】藤黄科主要特征是，具树脂或油，叶对生，稀轮生。藤黄属与同科其他种类的主要区别是，叶革质，花常杂性，萼片分离，浆果。爪哇凤果与同属其他种类的主要区别是，灌木，叶厚革质，中脉显著，侧脉细而不明显，浆果橙黄色，直径约2cm，外果皮革质、光滑。

【栽培】阳性。耐寒性强于同属的莽吉柿（山竹子）**G. mangostana** L.（在厦门无法越冬），但在厦门生长极缓慢。播种繁殖。

【特色】果橙黄色，味酸甜，挂果期较长，但不受果蝇影响（在南方，水果未套袋，很容易受到果蝇，尤其是桔小实蝇**Bactrocera dorsalis** Hendel的危害，后者可危害200种果树）。

【应用】观果型常绿灌木。特别适合观光果园、休闲农场。

三星果（三星果藤）

【学名】**Tristellateia australasiae** A. Rich.

【分布】中国台湾。

【识别】三星果属与同科其他属的主要区别是，木质藤本，花两性，花萼基部无腺体，花瓣具爪，雄蕊10，花柱通常仅1枚，每心皮有3至多枚翅发育，形成星芒状翅果。三星果与同属其他种类的主要区别是，叶对生，卵形，6~12cm×4~7cm；花梗长1.5~3cm，中部以下具关节，花鲜黄色，直径2~2.5cm；花瓣椭圆形，长8~13mm×5~6mm，爪长2~3mm，雄蕊长3~4mm；星芒状翅果直径1~2cm。

【栽培】阳性。扦插、播种繁殖。

【特色】总状花序，黄色。

【应用】观花型常绿木质藤本。可搭设花架。

西印度樱桃

【学名】**Malpighia glabra** L.

【分布】墨西哥至南美洲北部。

【识别】金虎尾属与同科其他属的主要区别是，乔灌木，花左右对称，花萼外面具6~10枚大而无柄腺体，雌蕊柱头膨大，果为核果。西印度樱桃和金虎尾较相似，但前者的叶片全缘，后者具刺状疏齿。

【栽培】阳性。种子常不发育，故扦插繁殖。

【特色】果鲜红；可食，维生素C含量为植物界之最，味酸似维生素C片剂，有很多品种，如光果樱等。

【应用】观果型常绿灌木。特别适合观光果园和休闲农场。

时钟花

【学名】**Turnera ulmifolia** L.

【分布】墨西哥至中美洲。

【识别】叶互生，羽状脉于叶面下陷，叶缘具锯齿，花近顶生，花瓣5，金黄色。本种和白时钟花 **T. subulata** Sm.（异名：*T. trioniflora* Sims）相似，但后者的花几乎为白色，仅在花瓣的基部、近基部为褐色、黄色。

【栽培】阳性。播种、扦插繁殖。

【特色】花多，近顶生，金黄色；花多日开夜合。

【应用】观果型多年生草本/亚灌木。特别适合配置于花坛。

西番莲（转心莲）

【学名】**Passiflora caerulea** L.

【分布】阿根廷、巴西。

【识别】西番莲属常为藤本，叶基和叶柄常有腺体，花通常较大，副花冠包括1至数轮外、内副花冠，外副花冠大于内副花冠，常排成一平面（平面型副花冠）或竖直排列呈杯状（杯型副花冠）。西番莲的花冠为白色，外副花冠为平面型，丝状体从内到外呈紫红色、白色、蓝色。龙珠果**P. foetida** L.的花与本种相似，但体型较小，丝状体从内到外呈粉红色、白色。

黄金西番莲

【栽培】阳性。扦插、播种繁殖。

【特色】副花冠呈蓝色、白色、紫红色；雌雄蕊柄。

【应用】观花型多年生草质藤本。可沿栏杆等攀爬。

【备注】市场所售的"西番莲"并非本种，而是鸡蛋果**P. edulis** Sims（即紫果西番莲，果小，紫色，味甜，鲜食或加工）、鸡蛋果与其变型黄果西番莲f. flavicarpa O. Deg.（果大，黄色，味酸，用于加工）的杂交种——杂种西番莲（果较大，紫色，酸甜，鲜食或加工）以及品种——黄金西番莲（果较大，黄色，味甜，鲜食）。西番莲和鸡蛋果均为白色花冠、平面型副花冠，但后者的叶掌状3裂，丝状体与花瓣等长，从内到外呈淡绿色、紫色、白色，末端"之"字形弯曲；前者的叶掌状5裂，丝状体短于花瓣，从内到外呈紫红色、白色、蓝色，不弯曲。

蛇王藤

【学名】**Passiflora cochinchinensis** Spreng.

【分布】中国广西、广东、海南，以及老挝、越南、马来西亚。

【识别】与西番莲相似，但叶近对生，不分裂，副花冠丝状体从内到外呈褐色、紫色、白色。

【栽培】阳性。扦插、播种繁殖。

【特色】副花冠鲜艳；雌雄蕊柄。

【应用】观花型多年生草质藤本。可沿栏杆等攀爬。

蝎尾花西番莲

【学名】**Passiflora cincinnata** Mast.

【分布】热带南美洲。

【识别】与西番莲相似，副花冠为平面型，但花冠为紫色，副花冠的丝状体为深紫色和浅紫色交替，丝状体末端"之"字形弯曲，故称为"蝎尾花西番莲"。

【栽培】阳性。播种（高度自交不亲和、需要异花授粉）、扦插繁殖。

【特色】花冠、副花冠呈鲜艳的紫色，是西番莲属中副花冠最艳丽的种类之一；花多，几乎一叶一花。

【应用】观花型多年生草质藤本。可搭设花架。

紫杯西番莲

【学名】**Passiflora nitida** Kunth

【分布】热带南美洲。

【识别】叶全缘，杯型副花冠，丝状体蓝紫色与白色交替，故称为"紫杯西番莲"。

【栽培】阳性。播种（高度自交不亲和、需要异花授粉）、扦插繁殖。

【特色】杯型副花冠，丝状体鲜艳亮丽，种加词意指副花冠色彩亮丽。是西番莲属中花冠和副花冠最艳丽的种类。

【应用】观花型多年生草质藤本。可搭设花架。

苹果西番莲

【学名】**Passiflora maliformis** L.

【分布】阿根廷、巴西。

【识别】杯型副花冠，丝状体蓝紫色与白色交替，果皮、果肉金黄色。

【栽培】阳性。播种（高度自交不亲和、需要异花授粉）、扦插繁殖。

【特色】副花冠杯型，鲜艳；果实似淡黄色的苹果，鲜食，故称为"苹果西番莲"。是西番莲属中副花冠和果实最艳丽的种类之一。

【应用】观花型多年生草质藤本；水果。可沿栏杆等攀爬。特别适合观光果园和休闲农场。

【备注】除本种、鸡蛋果及其品种之外，西番莲属鲜食的种类还有大果西番莲**P. quadrangularis** L.（叶全缘，果淡绿色，味较淡）、樟叶西番莲**P. laurifolia** L.（叶全缘，果橙黄，甜而微酸）、甜果西番莲**P. ligularis** Juss.（叶缘具齿，果橙黄，香甜）、香蕉西番莲**P. mollissima**（Kunth）L.H.Bailey（叶3深裂，果橙黄，酸甜）、哥伦比亚西番莲**P. antioquiensis** H. Karst.（叶全缘或3深裂，果黄绿色，甜而微酸）。

红花西番莲

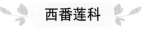

【学名】**Passiflora coccinea** Aubl.

【分布】热带南美洲。

【识别】花瓣红色，杯型副花冠，丝状体紫红色。

【栽培】阳性。播种（高度自交不亲和、需要异花授粉）、扦插繁殖。

【特色】雌雄蕊柄显著高于副花冠，花瓣红色，是西番莲属中花冠最艳丽的种类之一。

【应用】观花型多年生草质藤本。可沿栏杆等攀爬。

垂柳

【学名】Salix babylonica L.

【分布】中国长江流域与黄河流域。

【识别】杨柳科包括杨属Populus L.、钻天柳属Chosenia Nakai和柳属Salix L.。柳属与同科其他属的主要区别是，雄花序直立。垂柳和同属其他种类的主要区别是，枝条细长、下垂，苞片披针形。

【栽培】阳性。生长迅速，树干易老化。常扦插繁殖。

【特色】枝条细长、下垂，质感软。

【应用】观姿型落叶乔木。特别适合栽植于水体边。

秋枫（重阳木）

【学名】Bischofia javanica Bl.

【分布】中国河南及以南地区，以及日本、南亚、东南亚至澳大利亚。

【识别】秋枫属共2种，与同科其他属的主要区别是，具（淡）红色液汁，三出复叶，子房每室胚珠2。秋枫和重阳木B. polycarpa（H. Lév.）Airy Shaw的主要区别是，前者常绿或半常绿，小叶基部宽楔形或钝，叶缘具锯齿（2~3）个/cm，圆锥花序；后者落叶，小叶基部圆或浅心形，叶缘具锯齿（4~5）个/cm，总状花序。

【栽培】阳性，幼树稍耐荫。播种繁殖。若白翅叶蝉危害严重，树冠呈灰黄色，应提前喷内吸式杀虫药。

【特色】树冠浓密。

【应用】常绿/半常绿乔木，林荫树。可单植、列植、丛植。

【备注】秋枫和重阳木这两个中名常混用，例如，《中国植物志》《福建植物志》分别将Bischofia javanica 称为"秋枫"、"重阳木"，分别将Bischofia polycarpa称为"重阳木"、"秋枫"。故应加以区分。

雪花木（彩叶山漆茎）

【学名】**Breynia disticha** J.R.Forst. et G.Forst.［异名：*B. nivosa*（W. Bull）Small；*B. nivosa* var. *roseopicta*（Regel）F. Br.］

【分布】新喀里多尼亚，瓦努阿图。

【识别】黑面神属与同科其他种类的主要区别是，单叶互生，二列，全缘，干后常变黑（故称"黑面神属"），雄花花萼顶端6浅裂或齿状，花丝合生。雪花木与同属其他种类的主要区别是，叶近圆形，具乳白至淡红色斑纹。

【栽培】阳性，若阳光不足，叶片彩色斑纹会消褪。扦插繁殖。

【特色】枝叶密集，叶片彩色。

【应用】观叶型常绿灌木。可作为彩叶地被或绿篱，特别适合与棕榈科配置。

石栗

【学名】**Aleurites moluccanus**（L.）Willd.

【分布】中国河南及以南地区，以及日本、南亚、东南亚至澳大利亚。

【识别】石栗与同科其他种类的主要区别是，单叶，纸质，卵形至椭圆状披针形，全缘或3~5浅裂，叶柄顶端具2枚腺体，雌雄同株，花萼2~3裂，花瓣乳白或乳黄色，雄蕊15~20，花丝在花蕾时直立，子房每室1颗胚珠，核果近球形，种子1~2。

【栽培】阳性，忌积水。播种或扦插繁殖。

【特色】树冠浓密。花期部分叶呈白色。

【应用】常绿乔木，林荫树，但应防止落果伤人。可单植、列植、丛植。

变叶木

【学名】Codiaeum variegatum（L.）Rumph. ex A. Juss.

【分布】东南亚至大洋洲。

【识别】变叶木与同科其他种类的主要区别是，具明显叶痕，单叶，互生，革质，彩色，雌雄同株异序，总状花序腋生，雄花白色，萼片5，覆瓦状排列，花瓣5，短于萼片，雄蕊20~30，花丝在花蕾时直立，子房每室胚珠1，蒴果近球形。

【栽培】阳性，若阳光不足，则叶片的彩色，尤其是红色斑纹消褪，长期缺乏光照则导致落叶。温度低于10℃，则叶片的光泽消褪，低于4℃，则导致落叶。夏季喜湿怕干，冬季忌湿。播种或扦插繁殖。

【特色】品种形状大小变异很大，线形、线状披针形、长圆形、椭圆形、披针形、卵形、匙形、提琴形至倒卵形，有时间断成上下两片（仅中脉相连），具红色、橙色、黄色、（灰/淡）绿色、紫（红/黑）色的斑纹或底色。其中，颜色最亮丽的为金光变叶木 'Chrysophyllum'（见左下图），叶片具不规则的金黄色斑纹。

【应用】观叶型常绿灌木。特别适合与乔木或草坪配置，形成叶形、叶色的鲜明对比，也作绿篱或盆栽。

珊瑚花

【学名】Jatropha multifida L.

【分布】美洲热带和亚热带地区。

【识别】叶轮廓近圆形，掌状9~11深裂，掌状脉9~11条，延伸至掌状裂片顶端，裂片线状披针形，全缘、浅裂至羽状深裂，花序梗较长，长12~20cm，花序轴、小花序轴、花梗粗、短且为红色。

【栽培】阳性。播种、扦插繁殖。

【特色】裂片排成辐射状；红色的花序分枝部分似珊瑚（花小而不会遮挡视线），故称为"珊瑚花"。

【应用】观叶型、观花型常绿灌木/小乔木。特别适合配置于花坛或斜坡、山石边。

【备注】《中国植物志》（第44卷第2册）和《Flora of China》（第11卷）的"珊瑚花"是指本种，而《中国植物志》（第70卷）的"珊瑚花"是指爵床科的Jacobinia carnea Lindl.，故再次"异物同名"。鉴于海中的珊瑚常呈分枝状，多为红色，故仍将本种称为"珊瑚花"，而将花序似燃放的烟花的Jacobinia carnea改称"烟花爵床"。

佛肚树

【学名】Jatropha podagrica Hook.

【分布】中美洲。

【识别】本种的花序分枝部分与珊瑚花相似，但前者的茎的基部或下部常膨大呈瓶状（故称"佛肚树"），叶盾状着生，全缘或掌状浅裂，掌状脉3条直达叶缘。

【栽培】阳性。播种、扦插繁殖。

【特色】茎的基部或下部常膨大呈瓶状；红色的花序分枝部分似珊瑚。

【应用】观茎型、观花型常绿灌木。特别适合配置于花坛或斜坡、山石边。

变叶珊瑚花

【学名】Jatropha integerrima Jacq.

【分布】古巴。

【识别】大戟科植物大多以观叶、苞叶为主（如变叶木、紫锦木、雪苞大戟、圣诞红），但本种却是以观花为主，花瓣较大，水红色。

【栽培】阳性。播种或扦插繁殖。

【特色】总花梗甚长，花朵伸出叶丛而格外显著，花水红色。

【应用】观花型常绿灌木。特别适合与山石相配置，或配置于拐角处。

紫锦木

【学名】**Euphorbia cotinifolia** L.

【分布】热带美洲。

【识别】叶轮生且紫红色，极容易与其他植物相区别。

【栽培】阳性。扦插繁殖。

【特色】"红的发紫"。很多色叶植物属于季节性色叶植物，但紫锦木属于四季型色叶植物。

【应用】观叶型常绿乔木。特别适合配置于草坪，或以绿色叶植物为背景。

一品红（圣诞红）

【学名】**Euphorbia pulcherrima** Willd. ex Klotzsch

【分布】中美洲。

【识别】叶常浅裂，绿色；苞叶常全缘，红色，因圣诞节开花，故也称"圣诞红"。

【栽培】阳性。扦插繁殖。

【特色】苞片与叶片的颜色形成互补色，是大戟科中最鲜艳的。其品种叶全缘，苞片较短而宽（如左图），有包括淡黄色在内的多种颜色。

【应用】观花型常绿灌木。特别适合点缀或配置于拐角处，其品种特别适合构筑花坛、花柱。

雪苞大戟

【学名】**Euphorbia leucocephala** Lotsy

【分布】墨西哥至哥伦比亚。

【识别】苞叶密集、白色，明显有别于其他植物。

【栽培】阳性。扦插繁殖。花后要强剪，控制次年植株高度，使白色苞叶能完全遮挡植株基部，以形成覆盖整株植物的"雪景"。

【特色】若修剪成球形，白色、密集的苞叶酷似植株被雪花完全覆盖。

【应用】观姿型、观花型常绿灌木。特别适合与草坪或绿叶植物配置。

三棱大戟（金刚纂，火殃勒）

【学名】**Euphorbia antiquorum** L.

【分布】印度。

【识别】枝绿色，具明显的3（~4）条棱，棱具三角状齿，叶互生于嫩枝顶端，肉质，托叶成对，刺状。

【栽培】阳性。扦插繁殖。

【特色】枝条绿色，3（~4）棱状，叶仅存于嫩枝的顶端。

【应用】观姿型常绿灌木/小乔木。特别适合与草坪、山石相配置或配置于建筑物前。

【备注】本种因有刺，叶片肉质，很容易被误作仙人掌植物。仙人掌科的刺是叶退化而成，单生或簇生，而本种的刺成对，是托叶退化而成。具有乳汁和成对托叶刺的植物均属于大戟科大戟属（该属共2000种，占大戟科五分之二）大戟亚属（该亚属既有无刺的种类，如绿玉树，也有具锥刺的铁海棠，除本种之外，常见的还有以下两种：具5条棱的五棱大戟，具5~7条棱的七棱大戟**E. royleana** Boiss.）。

五棱大戟（金刚纂，霸王鞭）

【学名】**Euphorbia neriifolia** L.

【分布】印度。

【识别】枝条绿色，近圆柱形，具5条螺旋状排列的棱，叶互生于嫩枝的顶端，肉质，托叶成对，刺状，明显有别于其他科或大戟科的其他种类。图中五棱大戟为种植在鼓浪屿的百年古树，胸径约0.5m。

【栽培】阳性。扦插繁殖。

【特色】枝条绿色，螺旋状伸展，叶仅存于嫩枝的顶端。

【应用】观姿型常绿灌木/小乔木。特别适合与草坪、山石相配置或配置于建筑物前。

旋苞铁海棠（旋苞虎刺梅）

【学名】**Euphorbia milii** Des Moul. 'Keysii'

【分布】铁海棠的栽培品种。

【识别】铁海棠枝条绿色，具纵棱，密生硬而尖的锥状刺，而刺状的托叶早落，叶互生于嫩枝的顶端，明显有别于其他科或大戟科的其他种类。旋苞铁海棠与原种的主要区别是，2枚苞片旋转排列，且边缘相互叠合。

【栽培】阳性。扦插繁殖。

【特色】枝条具硬而尖的锥状刺。

【应用】观姿型常绿灌木。特别适合配置于花坛。

绿玉树（光棍树）

【**学名**】**Euphorbia tirucalli** L.

【**分布**】安哥拉。

【**识别**】枝干绿色，无棱无刺，小枝肉质，叶早落，近于无叶。

【**栽培**】阳性。扦插繁殖。

【**特色**】枝条全为绿色，故称为"绿玉树"；全株近于无叶，故也为"光棍树"。

【**应用**】观姿型小乔木。可单植、丛植。

红背桂（花）

【**学名**】**Excoecaria cochinchinensis** Lour.

【**分布**】中国广西，以及越南。

【**识别**】叶片狭椭圆形或长圆形，侧脉在叶背凸起、在叶面下陷，叶背紫红色或血红色，容易与其他植物相区别。

【**栽培**】喜半荫。扦插繁殖。

【**特色**】异色叶植物——叶面绿色和叶背的红色形成鲜明对比。

【**应用**】观叶型常绿灌木。优良的地被植物，片植。

红穗铁苋菜（狗尾红）

【学名】**Acalypha hispida** Burm. f.

【分布】俾斯麦群岛。

【识别】雌雄异株，雌花穗下垂，雌花苞片卵状菱形，苞腋具雌花3~7。

【栽培】阳性。扦插繁殖。

【特色】红色花穗下垂。

【应用】观花型常绿灌木。特别适合配置于斜坡，片植，也可作花篱。

红桑

【学名】**Acalypha wilkesiana** Müll. Arg.

【分布】美拉尼西亚群岛。

【识别】叶阔卵形，10~18cm×6~12cm，具点状和块状的淡红色、红色、紫红色或红褐色斑纹。

【栽培】阳性。扦插繁殖。

【特色】斑色叶植物。

【应用】观叶型常绿灌木。在阳光充足的地方与其他绿色叶植物搭配。本种有不少品种，其中，最秀丽的当属狭叶红桑 'Monstroso'，叶片披针形，叶缘淡红色。

狭叶红桑

紫叶酢浆草

【学名】Oxalis violacea L. 'Purple Leaves'

【分布】翅叶酢浆草的栽培品种。

【识别】指状3小叶，叶形与翅叶酢浆草、紫斑酢浆草相同，但紫叶酢浆草的叶片全部为紫色，翅叶酢浆草的为绿色，紫斑酢浆草的为紫黑色，每一小叶的中央具分叉的紫色斑纹。

【栽培】喜半荫。忌夏季高温直晒。分株繁殖。

【特色】全色叶植物（紫色），叶片似三只翅膀。

【应用】观叶型多年生草本植物。片植作为地被植物，也可盆栽。

紫斑酢浆草

 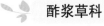

阳桃

【学名】Averrhoa carambola L.

【分布】马来西亚、印度尼西亚。

【识别】奇数羽状复叶，果实常5棱，截面呈五角星。

【特色】果实常5棱，截面呈五角星；水果。

【应用】观花型、观果型常绿乔木；水果。可单植、丛植。特别适合观光果园和休闲农场。

水石榕

【学名】**Elaeocarpus hainanensis** Oliv.

【分布】中国云南、广西、海南，以及越南、泰国。

【识别】杜英属与同科其他属的主要区别是，花总状花序，花瓣常撕裂状，药隔凸出呈芒状，核果。水石榕与同属其他种类的主要区别是，花直径3~4cm，具叶状苞片，药隔凸出呈芒刺状，长4mm，核果纺锤形，长3~4cm。

【特色】花多，下垂，花瓣撕裂呈流苏状，凸显飘逸自如。

【应用】观花型常绿乔木。可单植、列植、丛植，特别适合配置于水体边。

香天竺葵

【学名】**Pelargonium odoratissimum** （L.）L' Hér.

【分布】非洲南部。

【识别】叶掌状分裂，边缘波状，具齿；花序伞形，花瓣5，白色，上方2枚较大而同形，下方3枚同形，雄蕊10，子房合生，5心皮，5室，每室具2枚胚珠，花柱分枝5，紫红色。

【特色】叶掌状分裂，边缘波状，花白色，具香味。

【应用】观叶型多年生草本植物。特别适合配置于景墙或坡地。

乳斑小叶榄仁

乳斑小叶榄仁

使君子科

小叶榄仁

【学名】**Terminalia mantaly** H.Perrier

【分布】马达加斯加。

【识别】诃子属与同科其他属的主要区别是，灌木或乔木，叶常簇生小枝顶，穗状花序、总状花序或有时排成圆锥花序，花瓣无，花萼裂片在果时脱落。小叶榄仁与同属其他种类的主要区别是，大枝整齐排列，呈明显的层状，叶片小。

【栽培】阳性。播种、嫁接繁殖。

【特色】大枝整齐排列。

【应用】观姿型落叶乔木。可单植、丛植，特别适合列植，应避免密植。小叶榄仁的品种——乳斑小叶榄仁 'Tricolor' 则呈深绿色、浅绿色和乳黄色，更为亮丽。

使君子科

使君子

【学名】**Quisqualis indica** L.

【分布】中国西南、华南和中国福建、中国台湾，以及东南亚、新几内亚岛、南亚至非洲东海岸。

【识别】使君子属和同科其他属的主要区别是，木质藤本，叶（近）对生，萼管细长，延伸于子房之上，脱落，花瓣自花时增大，雄蕊藏于萼管，花柱贴生于萼管内壁。使君子和小花使君子**Q. caudata** Craib 相似，但前者的叶柄无关节，花从白色转红色，萼管长5cm以上，花瓣长2cm；后者的叶柄有关节，花（淡）红色；萼管长不超过2.5cm；花瓣长0.5cm。

【栽培】稍耐荫。扦插、压条、分株、播种繁殖。

【特色】花多，鲜艳。本种的果实是治蛔虫的有效药物。

【应用】观花型落叶木质藤本。花多，可建成"花廊"。

大花紫薇

【学名】*Lagerstroemia speciosa*（L.）Pers.

【分布】南亚、东南亚。

【识别】紫薇属与同科其他属的主要区别是，乔灌木，无刺，叶背无黑色腺点、腺体、小孔，顶生圆锥花序，花瓣常为6或与花萼裂片同数，雄蕊多数，蒴果常3~6裂，种子顶端有翅。大花紫薇与同属其他种类的主要区别是，叶大，10~25cm×6~12cm，花萼裂片内无毛，雄蕊通常75枚以上，近等长，蒴果大，直径达2cm。

【栽培】稍耐荫。播种、高压繁殖。

【特色】花大，鲜艳。

【应用】观花型落叶乔木。可单植、丛植、列植。

紫薇

【学名】*Lagerstroemia indica* L.

【分布】中国吉林及以南地区，以及南亚、东南亚。

【识别】紫薇和大花紫薇是紫薇属最常见的两种景观植物，前者为灌木或小乔木，枝干扭曲，叶2.5~7cm×1.5~4cm，花淡红色、紫色或白色，直径3~4cm，常组成7~20cm的顶生圆锥花序，雄蕊36~42，外侧6枚着生于花萼上，显著长于其余雄蕊，蒴果长1~1.3cm；后者为乔木，枝干不扭曲，叶大，花（淡）紫（红）色，直径5cm以上，常组成15~46cm的顶生圆锥花序，雄蕊75~200，等长，蒴果长2~3.8cm。

【栽培】稍耐荫。播种、扦插、分株、压条、高压繁殖。

【特色】枝干扭曲，花多，鲜艳。

【应用】观姿型、观茎型、观花型落叶灌木/小乔木。可单植、丛植、列植，特别适合对植（如左图）或制成高级盆景。

千屈菜科

散沫花

【学名】**Lawsonia inermis** L.

【分布】东非经阿拉伯半岛至喜马拉雅山。

【识别】散沫花属仅1种，与同科其他种类的主要区别是，乔灌木，具刺，叶背无黑色腺点、腺体、小孔，顶生圆锥花序，花瓣4，种子无翅。

【栽培】阳性。播种繁殖。

【特色】花浓香，似木犀。

【应用】香花灌木。特别适合庭院配置。

千屈菜科

石榴（安石榴）

【学名】**Punica granatum** L.

【分布】巴尔干半岛至伊朗及其邻近地区。

【识别】石榴属与千屈菜科其他种类的主要区别是，乔灌木，萼筒上位，包被果实，橙红色至黄色，雄蕊生萼筒内壁，多数，浆果球形，宿存花萼，果皮革质，种子多数，种皮外层肉质，内层骨质。石榴属仅两种，石榴的叶矩圆状披针形，圆叶石榴**P. protopunica** Balf. f.的叶近圆形。石榴有很多单瓣、重瓣、不同果形的品种。

【栽培】阳性。播种、高压、扦插繁殖。

【特色】枝干扭曲，花多，鲜艳；水果。

【应用】观姿型、观茎型、观花型、观果型落叶乔木/灌木；水果。可单植、丛植、列植、对植，也可制成高级盆景，特别适合观光果园或休闲农场。据传由汉代张骞引入，是引种历史最悠久的植物之一，也是汉朝丝绸之路的见证。

倒挂金钟

【学名】**Fuchsia × hybrida** Voss.

【分布】杂交种。

【识别】倒挂金钟属与同科其他属的主要区别是，灌木或小乔木，花辐射对称，下垂，萼片、花瓣各4，浆果。倒挂金钟为杂交种，花瓣颜色多变，（紫、粉）红色、白色（见上图）。

【栽培】忌高温、阳光直射（超过35℃则容易死亡），应通风、排水良好。扦插繁殖。

【特色】花形特殊，绚丽多彩。

【应用】观花型亚灌木。特别适合北方以及西南高原的观光温室栽培。

红千层

【学名】**Melaleuca linearis** Schrad. et J.C.Wendl.
（异名：*Callistemon rigidus* R. Br.）

【分布】澳大利亚。

【识别】红千层与同属其他种类的主要区别是，叶线形，宽3~6mm；花序直立或斜向上伸展；雄蕊长25mm，红色。

【栽培】阳性。播种、扦插繁殖。

【特色】花形特殊，红色。

【应用】观花型常绿小乔木。可单植、丛植、列植、群植。

【备注】红千层属*Callistemon*已并入白千层属，见《Flora of China》。

垂枝红千层

【学名】**Melaleuca viminalis**（Sol. ex Gaertn.）Byrnes［异名：*Callistemon viminalis*（Sol. ex Gaertn.）G.Don］

【分布】澳大利亚。

【识别】垂枝红千层和红千层的主要区别是，前者枝条、花序下垂，后者枝条、花序直立或斜向上伸展。

【栽培】阳性。播种、扦插繁殖。

【特色】质感软；花形特殊，红色。

【应用】观花型常绿小乔木。可单植、丛植、列植、群植，特别适合配置于水体边。

美花红千层

【学名】**Melaleuca citrina**（Curtis）Dum. Cours.［异名：*Callistemon citrinus*（Curtis）Skeels］

【分布】澳大利亚东部。

【识别】美花红千层与红千层的主要区别是，前者的叶披针形，后者的叶线形（叶片长宽之比达10倍）。

【栽培】阳性。播种、扦插繁殖。

【特色】花形特殊，红色。

【应用】观花型常绿小乔木。可单植、丛植、列植、群植。

细叶白千层

【学名】**Melaleuca alternifolia**（Maiden et Betche）Cheel

【分布】澳大利亚东部。

【识别】叶线形，宽1mm，花白色。

【栽培】阳性。耐干旱、贫瘠、盐碱。播种繁殖。

【特色】花密集，白色。

【应用】观花型常绿小乔木。可单植、丛植、列植、群植。

白千层

【学名】**Melaleuca cajuputi** Mocton et Sm. ex R. Powell subsp. **cumingiana**（Turcz.）Barlow

【分布】澳大利亚。

【识别】与细叶白千层相似，但叶宽1~2cm。

【栽培】阳性。耐干旱、贫瘠、盐碱。播种繁殖。

【特色】茎干扭曲上升，树皮一层又一层，绵延不绝。

【应用】观茎型常绿乔木。可丛植、列植。

金叶千层

【学名】**Melaleuca bracteata** F.Muell. 'Revolution Gold'

【分布】栽培品种。

【识别】与白千层属其他种类的主要区别是，叶金黄色。

【栽培】阳性，若阳光不足，叶片的金黄色会消褪为绿色。扦插或高压繁殖。

【特色】叶片金黄色。

【应用】观叶型常绿乔木。可单植、丛植、列植。

柠檬桉

【学名】**Eucalyptus citriodora** Hook.

【分布】澳大利亚东部及东北部。

【识别】桉属与同科其他属的主要区别是，萼片与花瓣连合成帽状体。柠檬桉与同属其他种类的主要区别是，枝叶有浓郁的类似柠檬的气味，树皮光滑，灰白色。

【栽培】阳性。播种繁殖。

【特色】茎干灰白色；枝叶有浓郁的类似柠檬的气味。

【应用】观茎型常绿乔木；香化（烈香）植物。可单植、丛植、列植，特别适合群植。卷烟厂（因需要调香）、医院等场所及附近不宜种植此类植物。

红果仔

【学名】**Eugenia uniflora** L.

【分布】巴西。

【识别】番樱桃属与同科其他属的主要区别是，叶对生，羽状脉，花单生或簇生于叶腋，萼管短，萼齿4，花瓣4，浆果宿存萼片。本种与吕宋番樱桃 **E. aherniana** C. B. Robins. 相似，但前者叶纸质，基部圆形或微心形，果直径1~2cm，具8棱；后者叶革质，基部楔形或钝，果直径0.7mm，棱不明显。

【栽培】阳性。播种繁殖。

【特色】果形特殊，红色；果可食。

【应用】观果型常绿灌木；水果。特别适合观光果园、休闲农场，也可修剪成不同造型的绿篱。

洋蒲桃（莲雾）

【学名】**Syzygium samarangense**（Blume）Merr. et Perry

【分布】南亚、东南亚及新几内亚岛。

【识别】蒲桃属与同科其他属的主要区别是，叶对生，稀轮生，浆果或核果，种子1（~2）。洋蒲桃与同属其他植物的主要区别：嫩枝压扁，叶椭圆形至长圆形，基部变狭，圆形或微心形，叶柄极短，长0~4mm，果实梨形或圆锥形，肉质，水红色，具光泽。

【栽培】阳性。高压繁殖。

【特色】果形特殊，红色；水果。

【应用】观果型常绿乔木；水果。可单植、丛植、列植，特别适合观光果园、休闲农场。

红鳞蒲桃（红车）

【**学名**】***Syzygium hancei*** Merr. et Perry

【**分布**】中国华南、福建、东南亚。

【**识别**】本种与同属其他植物的主要区别是，新叶呈红色。本种和红叶石楠都是南方近十年较多应用的季节性红色叶植物，前者的叶对生，全缘；后者的叶互生，叶缘具尖的细锯齿。

【**栽培**】阳性。播种繁殖。

【**特色**】新叶红色。

【**应用**】观叶型常绿灌木。可修剪成不同造型，能以绿叶植物形成鲜明对比。

桃金娘

【**学名**】***Rhodomyrtus tomentosa***（Ait.）Hassk.

【**分布**】中国西南、华南、福建、台湾，以及南亚、东南亚。

【**识别**】桃金娘与同科其他属的主要区别是，叶对生，三出脉或离基三出脉，子房3~4室。桃金娘与同属其他种类的主要区别是，离基三出脉，侧脉4~6对，花有长梗，常单生，紫红色，直径2~4cm，雄蕊红色，长7~8mm，浆果卵状壶形，1.5~2cm×1~1.5cm，紫黑色。

【**栽培**】阳性。酸性土壤。扦插、播种繁殖。

【**特色**】花紫红色；果可食。

【**应用**】观花型常绿灌木。可作为郊野公园的地被植物，也是生态恢复建设、水土保持的优良灌木，也特别适合观光果园和休闲农庄。

桃金娘科

松红梅

【**学名**】**Leptospermum scoparium** J. R. Forst. et G. Forst.

【**分布**】澳大利亚东南部至新西兰。

【**识别**】叶互生，线状披针形，0.7~2cm×0.2~0.6cm；花红色、粉红色至白色，直径0.5~2.5cm。

【**栽培**】忌夏季高温直射。扦插、播种繁殖。

【**特色**】花满枝头，远看似梅花，叶细如松叶，故称为"松红梅"。

【**应用**】观花型常绿灌木。

野牡丹科

星毛金锦香（朝天罐）

【**学名**】**Osbeckia stellata** Buch.-Ham. ex Kew Gawl.（异名：*O. sikkimensis* Craib，*O. opipara* C. Y. Wu et C. Chen）

【**分布**】中国长江以南地区，以及东南亚。

【**识别**】野牡丹科的叶对生或轮生，具基出弧形脉（谷木属**Memecylon** L.等少数种类例外），易于识别。金锦香属与同科其他属的主要区别是，3~7基出脉，雄蕊同形，等长，药隔微下延成短距，花药顶端单孔开裂，种子马蹄形弯曲。朝天罐与同属其他种类的主要区别是，叶4~9（~13）cm×2~3.5（~5）cm，萼管长1~2.3cm，花4数。

【**栽培**】稍耐荫。播种繁殖。

【**特色**】花鲜艳，果坛形。

【**应用**】观花型、观果型灌木。特别适合作为郊野公园的地被植物。

紫花野牡丹（蒂牡丹）

【学名】**Tibouchina urvilleana**（DC.）Cogn.

【分布】巴西东部和东南部。

【识别】紫花野牡丹拥有紫花野牡丹属 **Tibouchina** Aubl.最艳丽的颜色，不仅花瓣是深蓝紫色，花药也是蓝紫色。

【栽培】阳性，如阳光不足，则开花减少。扦插繁殖。

【特色】花多，艳丽，植株花期长。

【应用】观花型常绿灌木。优良的花灌木，特别适合配置于花坛、花台。

宝莲灯花

【学名】**Medinilla magnifica** Lindl.

【分布】菲律宾和印度尼西亚。

【识别】叶对生，3基出脉；花序下垂，苞片大型，粉红色。

【栽培】忌阳光直射。喜高温高湿，酸性土壤。播种、扦插繁殖。

【特色】花序下垂，苞片大型，粉红色，如宝莲灯，是野牡丹科花卉中最具特色的花卉。

【应用】观花型常绿灌木。可配置于林下，也可盆栽。

野鸦椿

【学名】**Staphylea japonica**（Thunb.）Mabb.［异名：*Euscaphis japonica*（Thunb.）Kanitz，*E. fukienensis* Hsu］

【分布】中国（西北地区除外），以及日本、朝鲜半岛、越南。

【识别】野鸦椿属仅1种，与同科其他植物的主要区别是，托叶早落，萼片宿存，蓇葖果。

【栽培】阳性。播种繁殖。

【特色】小枝、叶柄淡红色；圆锥花序顶生。远看，满树鲜艳的红色果实，具震撼力；近观，蓇葖果开裂露出具光泽的黑色种子。

【应用】观花型、观果型落叶灌木/小乔木。可单植、丛植、列植。

槟榔青

【学名】**Spondias pinnata**（L. f.）Kurz

【分布】中国云南、广西、海南，以及南亚、东南亚。

【识别】槟榔青属与同科其他属的主要区别是，乔木，常羽状复叶，花瓣4~5，镊合状排列，心皮通常4~5，子房4~5室，每室胚珠1，内果皮木质，常具坚硬的角状或刺状凸起，核内有薄壁组织消失后的大空腔。槟榔青与同属其他种类的主要区别是，内果皮无角状或刺状凸起。

【栽培】阳性。播种繁殖。

【特色】树冠开展；水果。

【应用】观姿型落叶乔木；水果。可单植、列植、丛植。特别适合观光果园和休闲农场。

 漆树科

杧果（芒果）

【学名】**Mangifera indica** L.

【分布】南亚、东南亚。

【识别】杧果属与同科其他属的主要区别是，乔木，单叶全缘，心皮1，柱头（近）顶生。杧果与同属其他种类的主要区别是，退化雄蕊3~4，中果皮肉质，肥厚，果核明显。

【栽培】阳性。若作为水果，在干热的地区（如攀枝花）种植，品质更佳。若当地有杧果瘿蚊和炭疽病，应在抽新梢时喷药预防。上图为编号为G0094的杧果古树（树龄169年，胸径超过1m），历经5年复壮救治而成活。播种、高压、嫁接繁殖。

【特色】树冠浓密，新叶淡红褐色，果实悬垂，果形各异；水果。

【应用】观果型常绿乔木；水果。可单植、列植、丛植。南亚热带地区常见的行道树，也适合观光果园和休闲农场。

【备注】中文名为英文名mango的译音，本种为乔木，故中文名以"杧果"较"芒果"更为合适。

金酸枣（番橄榄）

【学名】**Spondias dulcis** Parkinson（异名：*Spondias cytherea* Sonn.）

【分布】南亚、东南亚。

【识别】金酸枣和槟榔青的叶都有边缘脉，果形及尺寸较相似，但前者的果实金黄色，内果皮具坚硬的角状或刺状凸起；后者的果实黄褐色，内果皮具纤维，无角状或刺状凸起。金酸枣和岭南酸枣S. lakonensis Pierre的叶较相似，但金酸枣的叶有边缘脉，果实金黄色，长度可达5cm以上；后者的叶没有边缘脉，果实红色，长度仅达1cm。

【栽培】阳性。播种繁殖。

【特色】树冠开展，季相植物，落叶前转金黄色，果实金黄色；水果。

【应用】观姿型、观叶型、观果型落叶乔木；水果。可单植、列植、丛植、群植。特别适合观光果园和休闲农场。

人面子

【学名】**Dracontomelon duperreanum** Pierre

【分布】中国云南、广西、广东，以及越南。

【识别】人面子属与同科其他属的主要区别是，乔木，羽状复叶，花瓣在芽中先端覆瓦状排列，基部镊合状，花5数，花柱上半部连合成尖塔形，下半部分离，果扁球形，果核压扁。人面子和大果人面子较相似，但前者的羽片基部略偏斜，果直径约2.5cm；后者的羽片基部极偏斜，果直径超过3.5cm。

【栽培】阳性。播种繁殖。

【特色】树冠浓密；果可食，入药后醒酒解毒。

【应用】常绿乔木，林荫树。可单植、列植、丛植。

黄连木

【学名】Pistacia chinensis Bunge

【分布】中国陕西至华北及以南地区。

【识别】黄连木属与同科其他属的主要区别是，乔木，羽状复叶，稀单叶，心皮3，合生，单被花。黄连木和清香木较相似，但前者为落叶乔木，奇数羽状复叶，羽片纸质，先花后叶，雄花无不育雌蕊。

【栽培】阳性。播种繁殖。

【特色】树干扭曲，树冠开展；落叶转橙（红）色。

【应用】观姿型落叶乔木；季相植物。可单植、列植、丛植。

【备注】黄连木与制黄连素的黄连**Coptis chinensis** Franch.不同，后者是毛茛科植物，叶掌状三全裂。

清香木

【学名】Pistacia weinmanniifolia J. Poiss. ex Franch.

【分布】中国西南、广西，以及缅甸。

【识别】清香木和黄连木较相似，但前者为常绿灌木/小乔木，偶数羽状复叶，羽片革质，花序与叶同出，雄花有不育雌蕊存在。

【栽培】阳性。播种繁殖。

【特色】树干弯曲多姿。

【应用】观姿型常绿灌木/小乔木。特别适合配置于庭院等小场所或拐角处。

鸡爪槭

【学名】Acer palmatum Thunb.

【分布】中国河南至浙江、江西、湖北、湖南、贵州。

【识别】槭树科的叶对生，常掌状分裂，稀羽状或掌状复叶。槭树科包括：槭属和金钱槭属，前者常为单叶，若为复叶，仅有3~7（~9）小叶，果实具单侧长翅；后者羽状复叶，羽片7~15，果实具圆翅。鸡爪槭与同属其他种类的主要区别是，叶掌状（5~）7（~9）分裂，翅果长约2cm，翅开展呈钝角。

【栽培】喜半荫。较耐旱。播种、嫁接繁殖。

【特色】叶掌状分裂，绿色，入秋后则转为红色。鸡爪槭的品种——红枫，从春季开始直至冬季落叶前，叶一直为红色。

【应用】观叶型落叶小乔木。可单植、列植、丛植，特别适合与山石相配；红枫还特别适合以绿叶植物为背景，营造"万绿丛中一点红"景观，也可以营造红色叶林荫路。

五角枫（色木槭）

【学名】Acer pictum Thunb. subsp. mono（Maxim.）H. Ohashi（异名：Acer mono Maxim.）

【分布】中国东北、华北、长江流域。

【识别】五角枫与鸡爪槭的主要区别是，前者为乔木，叶5掌状分裂，入秋后，叶转为黄色和红色；后者为小乔木，叶（5~）7（~9）掌状分裂，入秋后，叶转为红色。

【栽培】喜半荫。较耐旱。播种、嫁接繁殖。

【特色】叶掌状分裂，入秋后则转为黄色和红色。

【应用】观叶型落叶乔木。可单植、列植、丛植。树体含水量多，含油量少，枯枝落叶分解快，不易燃烧，故为景区的防火树种。

槭树科

元宝槭

【学名】**Acer truncatum** Bunge

【分布】中国吉林至江苏，内蒙古至甘肃、陕西。

【识别】元宝槭和五角枫相似（叶常5掌状分裂），但前者的花（淡）黄色，翅与小坚果等长；后者的花白色，翅较小坚果长2~3倍。

【栽培】喜半荫。较耐旱。播种繁殖。

【特色】叶掌状分裂，春叶红色，秋叶黄色；花小，但盛花期满树都是黄花。

【应用】观叶型、观花型落叶乔木。可单植、列植、丛植，也被用作桩景。

 无患子科

台湾栾树

【学名】**Koelreuteria elegans**（Seem.）A. C. Sm. subsp. **formosana**（Hayata）Mey.

【分布】中国台湾。

【识别】栾树属与同科其他属的主要区别是，乔木，叶互生，羽状复叶，蒴果，膨胀，具3棱，室背开裂为3果瓣，果瓣膜质，有网状脉纹。栾树属共3种又1变种。台湾栾树与同属其他种类的主要区别是，二回羽状复叶，小羽片基部极偏斜。

【栽培】阳性。耐旱，抗风，生长迅速。播种繁殖。

【特色】远看，树冠呈红（果）、黄（花）、绿（叶）；近观，花金黄色，基部鲜红色，果实水红色，悬垂似风铃。

【应用】观花型、观果型落叶乔木。可单植、列植、丛植，适合各类公共绿地及行道树。

137

栾树

【学名】**Koelreuteria paniculata** Laxm.

【分布】中国辽宁以南至云南。

【识别】栾树与同属其他种类的主要区别是，一回或不完全的二回羽状复叶。

【栽培】阳性。耐旱，抗风，生长迅速。播种繁殖。

【特色】花黄色，果实锥形，具3棱。

【应用】观花型、观果型落叶乔木。可单植、列植、丛植，适合各类公共绿地及行道树。

香橼

【学名】**Citrus medica** L.

【分布】中国西南，以及印度。

【识别】柑橘属与同科其他属的主要区别是，常绿乔灌木，茎枝有刺，单身复叶（香橼除外），花的直径超过1cm，两性，雄蕊为花瓣数的4倍或更多，心皮合生，子房7室或更多，每室有胚珠多颗，浆果具汁胞，种子光滑，无毛、翅、胚乳。香橼与同属其他种类的主要区别是：叶始终为单身复叶。

【栽培】阳性。播种、扦插繁殖。

【特色】果实球形、椭球形或纺锤形，黄色，可达2kg；可食（也入药），常制成蜜饯。

【应用】观果型常绿灌木/小乔木；可单植、丛植，香橼和其他品种佛手特别适合观光果园和休闲农场。

芸香科

柠檬

【学名】**Citrus × limon**（L.）Osbeck

【分布】是香橼和酸橙**Citrus × aurantium** L.的杂交种。

【识别】柠檬和香橼的主要区别是：单身复叶，果较小，直径小于10cm，果顶有短的肉瘤状凸起。

【栽培】阳性。播种、扦插、高压、嫁接繁殖。

【特色】花瓣外侧淡紫红色。具香味。作饮料。

【应用】观果型常绿小乔木；香化（清香）；饮料植物。可单植、丛植，特别适合观光果园和休闲农场。

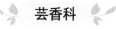

芸香科

九里香

【学名】**Murraya exotica** L.

【分布】中国台湾、福建、广东、海南、广西。

【识别】九里香属与同科其他属的主要区别是，无刺，常奇数羽状复叶，花两性，心皮合生，花柱远比子房纤细且长，柱头增粗，头状，浆果无汁胞，种子无翅、胚乳。九里香与同属其他植物的区别是，叶轴无翼叶，羽片倒卵形成倒卵状椭圆形，花瓣长而宽，长1cm以上，花柱比子房长3~5倍，种皮有绵毛。九里香和楝科的米仔兰**Aglaia odorata** Lour.的叶均为羽状复叶，但前者的叶无翼叶，羽片互生，花瓣长1~1.5cm，白色，后者的叶柄、叶轴具狭翅，羽片对生，花瓣长2 mm，黄色。

【栽培】阳性。播种繁殖。

【特色】老树枝干苍劲古朴；果红色。花具香味。

【应用】观姿型常绿灌木；香化植物。南方常见的绿篱植物（此时因频繁修剪而花果很少，基本无香味），也可制成盆景。

米仔兰

【学名】**Aglaia odorata** Lour.

【分布】中国广东、广西，以及东南亚。

【识别】米仔兰属与同科其他属的主要区别是，乔灌木，雄蕊花丝（几乎）全部合生成一管，球形或陀螺形，花药5~6（~10），1轮排列，花柱极短或缺，子房每室有胚珠1~2，浆果。米仔兰与同属其他植物的主要区别是，叶柄和叶轴具狭翅；羽片无毛，对生。米仔兰和九里香的区别见前文"九里香"。

【栽培】阳性。扦插繁殖。

【特色】枝干弯曲，叶片具光泽，果红色。

【应用】观姿型、观果型常绿灌木/小乔木。特别适合庭院等小场所的配置。

楝（苦楝）

【学名】**Melia azedarach** L.

【分布】中国黄河以南地区。

【识别】楝属共3种，与同科其他属的主要区别是，乔灌木，羽状复叶，花盘环状，雄蕊管圆筒形，花柱细长，子房每室胚珠1，核果。楝与同属其他种类的主要区别

是，羽片具明显钝齿，花序与叶等长，果较小，长度通常不超过2cm。

【栽培】阳性。耐旱、贫瘠，生长较快且抗风性较强，抗污染。播种、扦插繁殖。

【特色】分枝广展，落叶后更显树形优美；花开满树，淡紫色。

【应用】观姿型、观花型落叶乔木。可单植、列植、丛植，特别适合郊野公园、山地景区种植。

棟科

大叶桃花心木

【学名】**Swietenia macrophylla** King

【分布】墨西哥至南美洲的秘鲁、玻利维亚和巴西。

【识别】桃花心木属共3种，与同科其他属的主要区别是，偶数羽状复叶互生，花盘（浅）杯状，花丝合生成管，花药着生于雄蕊管口内侧，蒴果熟后由基部起胞间开裂，种子上端有长而阔的翅。大叶桃花心木与同属其他种类的主要区别是，羽片较长，总有部分羽片长10cm以上（最长可达31cm）。

【栽培】阳性。生长较快且抗风性较强。播种繁殖。

【特色】树形优美。

【应用】观姿型常绿/半落叶大乔木。可单植、列植、丛植。

【备注】目前，国内广东、福建等地所用的被称为"桃花心木"的园林植物均非真正的桃花心木**Swietenia mahagoni**（L.）Jacq.（产佛罗里达南端至西印度群岛），而是非洲棟**Khaya senegalensis**（Desr.）A. Juss.（产非洲热带地区及马达加斯加）。国外历史上被称为"桃花心木"的种类多达35科近200种植物。真正用于制作钢琴的桃花心木木材主要源于大叶桃花心木。以往的分类学文献（如《植物分类学报》《中国植物志》）将国内引种的大叶桃花心木**Swietenia macrophylla**误定为桃花心木**S. mahagoni**（刘海桑，池敏杰，2010；刘海桑，2013）。真正的桃花心木（见右中图）在内地仅数株而已，且生长极为缓慢；非洲棟生长迅速，但抗风性很差（在强台风中，部分路段的损毁率达80%），且树形不佳（见右下图），故本书对这两种不予专门介绍。

桃花心木

非洲棟

141

麻楝

【学名】**Chukrasia tabularis** A. Juss.

【分布】中国西藏、云南、广西、广东，以及南亚和东南亚。

【识别】麻楝属共1种，主要特征是，雄蕊合生成管，花药着生于雄蕊管顶部的边缘，蒴果，种子具翅。

【栽培】阳性。播种繁殖。

【特色】羽状复叶常簇生于枝顶，伸向不同方向。

【应用】观姿型常绿乔木。可单植、列植、丛植。

辣木

【学名】**Moringa oleifera** Lam.

【分布】印度。

【识别】辣木科仅1属，1~3回奇数羽状复叶，羽片、小羽片对生。辣木与同属其他植物的主要区别是，3回羽状复叶，羽片4~6对，小羽片3~9片，长1~2cm×0.5~1.2cm，花序长10~30cm，花白色，芳香，花瓣匙形，蒴果细长，20~50cm×1~3cm，种子近球形，直径约8mm，有3棱和翅。

【栽培】阳性。速生。播种繁殖。

【特色】羽片、小羽片排列整齐（对生），花形奇特，花瓣5片中远轴的1片较大，伸直，其他外弯。根、叶和嫩果有时亦作食用。

【应用】观果型落叶乔木。可单植、丛植、群植，可作为树篱，特别适合观光果园和休闲农场。如果种植地重金属超标，则容易富集，不宜食用。

象腿树

【学名】**Moringa drouhardii** Jum.

【分布】马达加斯加。

【识别】象腿树和辣木的主要区别是，茎干光滑，枝叶聚生于茎干顶部，2回羽状复叶，羽片线状镰形。

【栽培】阳性。播种繁殖。

【特色】茎直立、粗大、光滑，似象腿，故称为"象腿树"，羽片细长，与茎干形成鲜明对比。

【应用】观茎型落叶乔木。宜单植，特别适合配置于草坪。

番木瓜

【学名】**Carica papaya** L.

【分布】热带美洲。

【识别】常绿软木质小乔木，具乳汁；茎不分枝或有时于损伤处分枝，具螺旋状排列的托叶痕；叶大，聚生于茎顶端，近盾形，通常5~9掌状深裂，每裂片再羽状分裂，叶柄中空。

【栽培】阳性。播种繁殖。

【特色】茎常不分枝，果聚生于茎干；叶5~9掌状深裂，每裂片再羽状分裂。水果。

【应用】观叶型、观果型常绿小乔木。可单植、列植、丛植，特别适合配置于观光果园和休闲农场。

【备注】超市所售的水果"木瓜"即番木瓜，而真正的木瓜是原产国内的蔷薇科木瓜属的**Chaenomeles sinensis**（Thouin）Koehne，木材坚硬可作床，果实味涩，不宜鲜食，可入药。

鱼木

【学名】**Crateva religiosa** G. Forster

【分布】中国台湾、海南、广东，以及南亚、东南亚、太平洋群岛。

【识别】鱼木属与同科其他属的主要区别是，叶互生，掌状3小叶，萼片分离，浆果。鱼木与同属其他种类的主要区别是，小叶先端渐尖，长度达小叶叶身的三分之一，花白色至淡黄色，果灰色。

【栽培】阳性。播种繁殖。

【特色】花枝繁盛，为本属最有观赏价值的种类。

【应用】观花型乔木。可单植、列植、丛植。

【备注】《中国植物志》中的"鱼木"是指*C. formosensis*（Jacobs）B. S. Sun，并不是常见的鱼木。

醉蝶花

【学名】**Tarenaya hassleriana**（Chodat）Iltis

【分布】阿根廷、巴西、巴拉圭。

【识别】醉蝶花属与同科其他属的主要区别是，叶柄、主脉具刺，花序梗基部的苞片单一或无，无雌雄蕊柱。醉蝶花与同属其他种类的主要区别是，掌状5~7小叶，花常为粉红色或于次日转为白色，花瓣长1.5~3cm，花丝长3.5~4cm。果圆柱形，4~8cm×0.2~0.4cm，雌蕊柄长4~8cm。

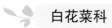

【栽培】阳性。播种繁殖。

【特色】花密集、鲜艳。

【应用】观花型一年生草本植物。特别适合配置于花坛。

【备注】《中国植物志》称本种有雌雄蕊柱，但本种仅有雌蕊柱（如图，6枚雄蕊与雌蕊完全分离，果实膨大部分与果梗之间的细长部分为雌蕊柱），此外，使用的学名"*Cleome spinosa* Jacq."是误用。

诸葛菜

【学名】**Orychophragmus violaceus**（L.）O. E. Schulz

【分布】中国辽宁至浙江，陕西至四川，以及朝鲜半岛。

【识别】诸葛菜和心叶诸葛菜较相似，但前者的叶片具叶耳，萼片线形，花瓣（淡）紫色；后者的叶无叶耳，萼片矩圆形，花瓣白色。

【栽培】阳性。播种繁殖。

【特色】花枝繁盛，花朵鲜艳。

【应用】观花型一年生或二年生草本植物。片植，特别适合配置于落叶树木下。

文定果

【学名】**Muntingia calabura** L.

【分布】墨西哥至南美洲热带地区。

【识别】文定果科包括3个属——文定果属、秘鲁文定果属**Neotessmannia** Burret、美洲文定果属**Dicraspidia** Standl.，共3种。文定果与同科其他种类的主要区别是，托叶线状，宿存，花瓣白色。

【栽培】阳性。抗性强，但不耐盐。生长迅速。矿区的先锋树种。播种繁殖。

【特色】果红色，味甜，焦香型水果（水果香味分为5种：清香、乳香、焦香、浓香、烈香，见第1章）。果实成熟后很快脱落，基本不受果蝇影响。

【应用】观果型常绿乔木；水果。可单植、丛植、群植，特别适合观光果园采摘、休闲农场加工饮料。

苹婆

【学名】**Sterculia monosperma** Vent.

【分布】中国云南、广西、广东、福建、台湾，以及印度、东南亚。

【识别】苹婆属与同科其他属的主要区别是，无花瓣，果革质，稀为木质，成熟时始开裂，种子无翅。苹婆与同属其他种类的主要区别是，单叶，全缘，具萼筒，与萼的裂片等长。

【栽培】耐荫。扦插、播种繁殖。

【特色】萼片先端内曲粘合呈鸟笼状；果皮红色，种子椭球形、黑色，故也称"凤眼果"。种子可煮食。

【应用】观花型、观果型常绿乔木。可单植、丛植、群植。

假苹婆

【学名】**Sterculia lanceolata** Cav.

【分布】中国西南、广西、广东，以及东南亚。

【识别】假苹婆和苹婆的主要区别是，叶较狭长，长宽之比超过2∶1，萼片先端星状伸展，不呈鸟笼状。

【栽培】耐荫。扦插、播种繁殖。

【特色】树冠浓密；花萼淡红色；果皮红色。种子可煮食。

【应用】观果型常绿乔木。可单植、丛植、群植。

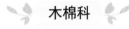 梧桐科

可可

【学名】**Theobroma cacao** L.

【分布】热带南美洲。

【识别】可可和苹婆的主要区别是，具花瓣（淡黄色），老茎生花。

【栽培】阳性。需热带气候，在南亚热带难以越冬。播种繁殖。

【特色】老茎生花；果皮红色或黄色。三大饮料之一（制可可粉和巧克力）。

【应用】观果型常绿乔木；饮料植物。可单植、丛植、群植，特别适合观光果园、休闲农场。

木棉科

木棉（攀枝花，英雄树）

【学名】**Bombax ceiba** L.（异名：*Bombax malabaricum* DC.）

【分布】中国西南、华南、华东，以及南亚、东南亚。

【识别】木棉属与本科其他属的主要区别是，掌状复叶，花梗短于10cm，雄蕊合生成管，外轮雄蕊集为5束，果开裂，种子细小，长不及5mm，藏于长绵毛内。木棉与本属其他种类的主要区别是，叶两面无毛，萼片较短，长2~3（~4.5）cm，花瓣（橙）红色，花丝基部粗，上部细，果长10~15cm。

【栽培】阳性。耐旱，抗污染，生长迅速。播种繁殖。

【特色】先花后叶（潮湿则花、叶同期），花鲜艳，大而多、攀满枝头，故称"攀枝花"。

【应用】观姿类、观花型落叶乔木，设计时应避开人行道，以防止花落伤人。

【备注】木棉果内的绵毛细软，无拈曲，耐压性强，尤其是中空度高达80%以上，远超人工纤维和其他任何天然材料，不易被水浸湿，不蛀不霉，故很早就用作枕头等的填充物——"木棉"（即木本棉花）。

美丽异木棉（美人树）

【学名】**Ceiba speciosa**（A. St.-Hil.，A. Juss. et Cambess.）Ravenna

【分布】南美洲热带地区。

【识别】与木棉相似，主要区别是，茎干常为绿色，花常为水红色。

【栽培】阳性。播种繁殖。

【特色】树干绿色，密布刺；花大而多、鲜艳。

【应用】观姿类、观茎型、观花型落叶乔木。可单植、丛植、列植、群植。

瓜栗（马拉巴栗，发财树）

【学名】**Pachira aquatica** Aubl.［异名：*Pachira macrocarpa*（Cham. et Schlecht.）Walp.］

【分布】中国西南、华南、华东，以及南亚、东南亚。

【识别】瓜栗属与同科其他属的主要区别是，雄蕊合生成管，上部集为多束，果开裂，种子大。瓜栗与同属其他种类的主要区别是，萼杯状，高1.5cm，直径1.3cm，花瓣淡黄绿色，狭披针形至线形，长达15cm，上半部反卷，花丝连雄蕊管长13~15cm，蒴果近梨形，9~10cm×4~6cm，果皮厚，木质。

【栽培】阳性。播种繁殖。

【特色】茎干绿色；花大。

【应用】观茎型、观花型常绿小乔木。可丛植、列植、群植。过去常用3~5株绑成辫子状称"发财树"。

木棉科

猴面包树

【学名】**Adansonia digitata** L.

【分布】热带非洲。

【识别】猴面包树属共8种，与本科其他属的主要区别是，掌状复叶，花梗长于30cm，下垂，雄蕊管高于5cm，上部分离为极多数反折的花丝，花柱远长于雄蕊管，柱头5~15裂；果不开裂，果肉粉质。猴面包树与同属其他种类的主要区别是，枝叶集生于茎顶，小叶通常5，长圆状倒卵形，9~16cm×4~6cm，花梗长0.6~1 m，花瓣白色，约14cm×10cm，柱头7~10裂，果椭球形，下垂，约30cm×13cm。

【栽培】阳性。忌积水。栽培于降雨量偏大的地区，则枝繁叶茂，茎干不容易膨大。播种繁殖。

【特色】茎干膨大，是木棉科乃至植物界中最奇异的植物之一。

【应用】观茎型落叶乔木。特别适合单植。

【备注】本种与面包树不同，后者属于桑科，叶羽状分裂，见本书P198。

木棉科

龟纹木棉

【学名】**Pseudobombax ellipticum**（Kunth）Dugand（异名：*Bombax ellipticum* Kunth）

【分布】墨西哥、中美洲。

【识别】茎基部不规则膨大，呈块状，肉质，杂以浅绿色条纹，似龟壳，顶生绿色短枝，掌状复叶互生。

【栽培】阳性。忌积水。播种繁殖。

【特色】茎干膨大，具浅绿色条纹，似龟壳。

【应用】观茎型多浆植物。特别适合配置于山石旁。

黄槿

三色黄槿

【学名】Hibiscus tiliaceus L.

【分布】中国台湾、福建、广东、海南，以及印度、东南亚。

【识别】木槿属与同科其他属的主要区别是，小苞片5~15，萼整齐5裂或具5齿，花柱5裂，心皮合生，常5室，稀10室，果椭球形至球形，种子肾形，稀球形，被毛或腺状乳突。黄槿与同属其他种类的主要区别是，乔木，叶心形，全缘，直径8~15cm，叶脉7~9，花黄色，长5~7.5cm，萼宿存。三色黄槿 'Tricolor' 为黄槿的品种，心叶淡红色，老叶具红褐色、乳白色斑纹，花淡橙色。

【栽培】阳性。耐旱，耐瘠，耐盐，防风固沙。播种或扦插繁殖。

【特色】叶心形，花黄色，耐盐，防风固沙。

【应用】观花型常绿灌木/乔木。可丛植、群植，特别适合海滩种植（可在海滩种植的观花树木非常少）。

重瓣木芙蓉

【学名】Hibiscus mutabilis L. f. Plenus（Andrews）S. Y. Hu

【分布】本种为木芙蓉的1个变型。

【识别】与木芙蓉的区别是重瓣，故称"重瓣木芙蓉"。

【栽培】阳性。扦插繁殖。

【特色】花大，鲜艳。

【应用】观花型落叶灌木/小乔木。可单植、丛植、列植。

锦葵科

朱槿（扶桑）

【学名】Hibiscus rosa-sinensis L.

【分布】中国台湾、福建、广东、广西、海南、云南、四川。

【识别】朱槿与同属其他种类的主要区别是，灌木，叶卵形，叶缘具齿，小苞片线形，雄蕊柱伸出花外。

【栽培】阳性。扦插或嫁接繁殖。

【特色】花大，不仅有各种花色品种，还有重瓣、斑叶等品种［如金塔朱槿'Golden Pogoda'（花瓣双层、橙色，见下左图）、三色朱槿'Tricolor'（叶具淡绿色、淡红色、红褐色斑纹，见下中图）、乳斑朱槿'Snow Queen'（叶具乳白色斑纹，见下右图）］，是南方主要的花灌木。

【应用】观花型常绿灌木。特别适合花坛配置或作绿篱。本种是锦葵科中品种、应用最多的。

吊灯扶桑（灯笼花）

【学名】**Hibiscus schizopetalus**（Mast.）Hook. f.

【分布】东非。

【识别】花下垂，花瓣深细裂呈流苏状、向上反卷。

【栽培】阳性。扦插繁殖。

【特色】花下垂似灯笼。

【应用】观花型常绿灌木。特别适合配置于坡地或水体边，以展示一层又一层或此起彼伏的"灯笼"。

垂花悬铃花

【学名】**Malvaviscus penduliflorus**［异名：*M. arboreus Cav. var. penduliflorus*（DC.）Schery］

【分布】墨西哥、哥伦比亚。

【识别】垂花悬铃花与本科其他种类的主要区别是，花瓣直伸而不张开，雄蕊柱凸出于花冠外。

【栽培】阳性。抗污染。扦插繁殖。

【特色】花特多（锦葵科中最多的），鲜红。

【应用】观花型常绿灌木。特别适合花坛配置或作花篱。花盛开前有甜汁液可吸食。

红萼风铃花

【学名】**Callianthe megapotamica**（A.Spreng.）Dorr ［异名：*Abutilon megapotamicum*（A.Spreng.）A.St.-Hil. et Naudin］

【分布】巴西。

【识别】花萼红色，花瓣黄色，伸出花萼，容易与其他种类相区别。

【栽培】阳性。扦插繁殖。

【特色】花下垂，花蕊伸出花瓣，似风铃，故称"红萼风铃花"。

【应用】观花型常绿灌木。特别适合定植于高处或坡地，"风铃"（花）随风而动。

红木

【学名】**Bixa orellana** L.

【分布】热带美洲。

【识别】红木属仅1种，叶心状卵形或三角状卵形，10~20cm×5~13（~16）cm，先端渐尖，基部圆形或几截形，有时略呈心形，边缘全缘，基出脉5条；圆锥花序顶生，长5~10cm，花瓣粉红色；蒴果近球形或卵形，长2.5~4cm，密生红褐色长刺。

【栽培】阳性。播种繁殖。

【特色】果密生红褐色长刺。

【应用】观果型常绿灌木/小乔木。特别适合配置于山石边。

【备注】本红木并非红木家具的原料（详见前文"紫檀"部分），用途为染料、药物、绳索。

千日红

【学名】**Gomphrena globosa** L.

【分布】热带美洲。

【识别】顶生球形（或矩圆形）头状花序，深紫红色，易于识别。

【栽培】阳性。播种繁殖。

【特色】花序顶生，紫红色。

【应用】观花型一年生草本植物。特别适合配置于花丛式花坛，也可点缀于角落（如左图）。

红叶莲子草

【学名】**Alternanthera brasiliana** （L.）Kuntze 'Ruliginosa'

【分布】巴西莲子草**A. brasiliana** （L.）Kuntze［异名：*A. dentata* （Moench）Scheygr.］的栽培品种。

【识别】本种和锦叶莲子草 'Rainbow' 都是巴西莲子草的品种，前者的叶深紫红色，具光泽；后者的叶具淡紫红色至淡绿色的斑纹。

【栽培】阳性。扦插繁殖。

【特色】叶深紫红色。

【应用】观叶型多年生草本植物。特别适合配置于图案式花坛。

锦叶莲子草

锦绣苋（五色草、红绿草）

【学名】**Alternanthera bettzickiana**（Regel）Nichols.

【分布】巴西。

【识别】叶绿色（常杂以黄色至红色的斑纹）或紫红色。

【栽培】阳性。扦插繁殖。

【特色】叶呈什锦色彩。

【应用】观叶型多年生草本植物。最常用的图案式花坛或立体造型景观的素材。

鸡冠花

【学名】**Celosia argentea** L. Gp（异名：*Celosia cristata* L. Gp）

【分布】为青葙的栽培品种群，花序呈鸡冠状或圆锥状。

【识别】花紧密排成鸡冠状或圆锥状的穗状花序。

【栽培】播种。

【特色】花序呈鸡冠状或圆锥状。

【应用】观花型一年生草本植物。最常用的花丛式花坛素材。

光叶子花

【学名】**Bougainvillea glabra** Choisy

【分布】巴西。

【识别】叶子花属与紫茉莉科其他属的主要区别是，花3朵簇生，花梗贴生于苞片内侧的中脉上，苞片彩色，子房具柄；果实无刺。叶子花属有18种，品种超过400种，统称三角梅、宝巾花等，其中最常见的是光叶子花。光叶子花与叶子花**B. spectabilis** Willd.的主要区别是，前者的叶无毛或疏生柔毛；后者的叶，尤其是叶背密生柔毛。叶子花属在国内为藤状灌木，在原产地则可长成小乔木。

叶子花

【栽培】阳性。扦插、嫁接繁殖。只有阳光充足、土壤间干、间湿才能保证其开花。

【特色】花多，苞片艳丽多彩，且有单瓣、重瓣、花叶不同品种。

【应用】观花型常绿藤状灌木/小乔木。可修剪成不同造型的盆景。

大花马齿苋

【学名】**Portulaca grandiflora** Hook.

【分布】巴西。

【识别】叶片圆柱状钻形；花大，直径2.5~4cm，花丝紫色，基部合生，花柱长，柱头5~9裂；种子灰色，具光泽。

【栽培】阳性。耐旱、贫瘠。扦插、播种繁殖。

【特色】花多、鲜艳。

【应用】观花型一年生草本植物。特别适合配置于花坛。

樱麒麟

【学名】**Rhodocactus grandifolius**（Haw.）F.M.Knuth（异名：*Pereskia grandifolia* Haw.）

【分布】巴西东北部至南部。

【识别】花大，直径2.5~4cm，花丝紫色，基部合生，花柱长，柱头5~9裂；种子灰色，具光泽。

【栽培】阳性。耐旱、贫瘠。扦插、播种繁殖。

【特色】花多、鲜艳。

【应用】观花型灌木。特别适合配置于坡地。

绣球

【学名】**Hydrangea macrophylla**（Thunb.）Ser.

【分布】中国浙江，日本。

【识别】伞房状聚伞花序近球形，直径8~20cm，花密集，多数不育，不育花萼片4，阔卵形或近圆形或阔卵形，1.4~2.4cm×1~2.4cm，粉红色至淡蓝色（会随土壤pH而改变）。绣球有很多品种，如银边绣球（叶缘白色）、双色绣球（萼片基部淡绿色至黄绿色）。

【栽培】喜半荫。扦插、压条、分株繁殖。

【特色】花序大，近球形，鲜艳。

【应用】观花型灌木。相传八仙过海前，何仙姑撒下仙花种子，故又称八仙花。

双色绣球

头状四照花

【学名】**Cornus capitata** Wall. ［异名：*Dendrobenthamia capitata*（Wall.）Hutch.］

【分布】中国西南。

【识别】山茱萸科仅1属，头状四照花与同属其他种类的主要区别是，乔灌木，叶对生，羽状脉，头状花序顶生，具4枚白色花瓣状总苞片，花两性，子房2室，聚合状核果扁球形、紫红色。

【栽培】阳性。播种繁殖。

【特色】果紫红色，可食。

【应用】观果型常绿乔木/灌木。可单植、丛植、列植，特别适合配置于观光果园。

苏丹凤仙花（非洲凤仙）

【学名】**Impatiens walleriana** Hook. f.

【分布】东非。

【识别】凤仙花科的主要特征是，具1枚唇瓣状的萼片（也称唇瓣），常呈舟状、漏斗状或囊状，基部常渐狭或急收缩成具蜜腺的距。凤仙花科包括凤仙花属和水角属**Hydrocera** Blume，前者的侧生花瓣成对合生，蒴果；后者的花瓣全部离生，果实不开裂。本种与同属其他种类的主要区别是，叶互生，叶缘具圆齿，齿端具小尖，花序具2朵花，唇瓣浅舟状，基部具2.5~4cm内弯的细距，果椭球形。

【栽培】阳性。播种繁殖。

【特色】花形奇特，唇瓣具尾巴状的长距（如左图）。

【应用】观花型一年生草本植物。特别适合配置于花坛。

管茎凤仙花

【学名】**Impatiens tubulosa** Hemsl.

【分布】中国浙江、江西、福建、广东。

【识别】本种与匙叶凤仙花 **I. spathulata** Y. X. Xiong相似，唇瓣呈囊状，但前者的叶为披针形，唇瓣状萼片的基部具2cm的长距；后者的叶倒披针形、倒卵形或匙形，唇瓣状萼片的基部具内卷的短距。

【栽培】喜半荫。播种繁殖。

【特色】花形奇特，唇瓣呈囊状，具尾巴状的长距。

【应用】观花型一年生草本植物。特别适合配置于树下花坛。

玉蕊

【学名】**Barringtonia racemosa**（L.）Spreng.

【分布】中国台湾、海南，以及亚洲其他热带地区至大洋洲热带地区。

【识别】叶基部钝形，常微心形；花序下垂，花具梗；果实卵球形。

【栽培】阳性。耐盐。播种（随采随播）、扦插、高压繁殖。

【特色】大型花序、下垂。

【应用】观花型常绿乔木/灌木。可单植、丛植、列植。

人心果

花叶人心果

【学名】Manilkara zapota（L.）van Royen

【分布】热带美洲。

【识别】具乳汁，叶簇生，绿色，革质，侧脉细、密，容易与其他植物相区别。

【栽培】阳性。播种繁殖。

【特色】叶簇生，果众多。果肉甚甜。乳汁曾为口香糖原料。

【应用】观果型常绿乔木；水果。特别适合配置于观光果园、休闲农场。目前已有花叶品种。

蛋黄果

【学名】Pouteria campechiana（Kunth）Baehni（异名：*Lucuma nervosa* A. DC.）

【分布】热带美洲。

【识别】具乳汁，叶纸质，侧脉明显，果黄色，容易与其他植物相区别。

【栽培】阳性。播种繁殖。

【特色】果黄色。果肉似蛋黄。

【应用】观果型常绿乔木；水果。特别适合配置于草坪、观光果园、休闲农场。

山榄科

星萍果（金星果）

【**学名**】Chrysophyllum
cainito L.
【**分布**】加勒比海地区。
【**识别**】具乳汁，叶背具锈色
毛，容易与其他植物相区别。
【**栽培**】阳性。播种繁殖。
【**特色**】叶表绿色、叶背
锈色。
【**应用**】观叶型常绿乔木；水
果。特别适合配置于草坪、观
光果园、休闲农场。

山榄科

神秘果

【**学名**】Synsepalum dulcificum
（Schumach. et Thonn.）Daniell
【**分布**】热带非洲中部。
【**识别**】具乳汁，叶簇生，果
红色。
【**栽培**】阳性。生长缓慢。播
种繁殖。
【**特色**】果实可改变对酸的味
觉，故称"神秘果"。
【**应用**】观果型常绿灌木；水
果。特别适合配置于草坪、观
光果园、休闲农场。

柿

【学名】**Diospyros kaki** L. f.

【分布】中国甘肃以南及河南以南地区。

【识别】落叶乔木，叶卵状椭圆形至倒卵形或近圆形，通常较大，长5~18cm×3~9cm，老叶叶面有光泽，深绿色，无毛，网脉于叶背清晰，花萼钟状，深4裂，花冠钟状，不长过花萼的两倍，黄白色。

【栽培】阳性。播种、嫁接繁殖。

【特色】果实鲜艳；水果。

【应用】观果型落叶乔木；水果。可单植、丛植、列植，特别适合观光果园和休闲农场。

山茶

【学名】**Camellia japonica** L.

【分布】中国山东、浙江、台湾，以及日本、韩国。

【识别】山茶科包括山茶亚科Theoideae和厚皮香亚科Ternstroemoideae，前者为蒴果或核果状，后者为浆果或闭果。山茶与同亚科其他种类的主要区别是，叶常革质，有锯齿，单花或2~3朵并生，苞片2~10，萼片5~6，花瓣5~12（栽培种常为重瓣），雄蕊排成2~6轮，外轮花丝常于下半部连合成花丝管，并与花瓣基部合生，花药纵裂，3~5室，果为蒴果，多从上部分裂，中轴脱落。

【栽培】忌阳光直射，忌高温（30℃以上），土壤酸性（pH=5~6）。常扦插繁殖，也可嫁接。

【特色】花朵艳丽。

【应用】观花型常绿灌木/小乔木。可单植、丛植、群植，特别适合配置于草坪边缘和大树下。

杜鹃叶山茶

【学名】**Camellia azalea** C. F. Wei

【分布】中国广东。

【识别】本种与同亚科其他种类的主要区别是，叶倒卵形或长倒卵形，无锯齿，酷似杜鹃的叶。

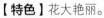

【栽培】稍耐荫。因种子败育，常扦插、嫁接繁殖。

【特色】花大艳丽。

【应用】观花型常绿灌木。特别适合配置于草坪边缘和大树下。

硃砂根（富贵子）

【学名】**Ardisia crenata** Sims

【分布】中国西南、华南、华中、华东，以及南亚、东南亚。

【识别】灌木，高1~2 m，除侧生特殊花枝外，无分枝；叶片革质或厚纸质，椭圆形、椭圆状披针形至倒披针形，顶端急尖或渐尖，基部楔形，长7~15cm×2~4cm，边缘具皱波状或波状齿，具明显的边缘腺点，两面无毛；伞形花序或聚伞花序，着生于侧生特殊花枝顶端；果球形，鲜红色。

【栽培】喜半荫。播种、扦插繁殖。

【特色】果鲜红色，成串下垂。

【应用】观果型常绿灌木。特别适合配置于山石边。早期入药，因其果期与春节重叠而作为年宵花卉。

秤锤树

【学名】**Sinojackia xylocarpa** Hu
【分布】中国江苏。
【识别】果实具圆锥状而非渐尖的长喙。
【栽培】阳性。播种繁殖。
【特色】果实悬挂似秤锤，故称为"秤锤树"。
【应用】观果型落叶乔木。可单植、<u>丛植</u>、列植。

锦绣杜鹃

【学名】**Rhododendron × pulchrum** Sweet
【分布】杂交种。
【识别】叶薄革质，伞形花序顶生，花冠阔漏斗形，玫瑰紫色，具深红色斑点。
【栽培】喜半荫。偏酸性土壤，忌碱性和重粘土。常扦插或压条繁殖。
【特色】花多、大、艳丽。
【应用】观花型半常绿灌木。特别适合配置于草坪边缘和大树下。

基及树（福建茶）

【学名】**Carmona microphylla**（Lam.）G. Don

【分布】中国广东、海南、台湾，以及印度尼西亚、澳大利亚、日本。

【识别】基及树属仅1种，叶革质，倒卵形或匙形，长1.5~3.5cm×1~2cm，先端圆形或截形、具粗圆齿。

【栽培】阳性。播种、扦插繁殖。

【特色】枝叶密集，叶具光泽。

【应用】观姿型常绿灌木。与九里香曾是厦门等地最主要的绿篱用材（但生长较九里香慢，用量也较之为少）。可作盆景。

龙船花

【学名】**Ixora chinensis** Lam.

【分布】中国福建、广东、香港、广西，以及东南亚和南亚。

【识别】茜草科和四大科（豆科、菊科、兰科、禾本科）都是超过万种植物的科。茜草科常具有叶片间托叶（此时叶对生）。茜草科和夹竹桃科均有少数种类叶轮生，但后者常具有乳汁。龙船花属与同科其他属的主要区别是，花序的小苞片离生；花冠裂片常4，旋转排列，花柱不伸出或微伸出，伸出部分远短于花冠裂片，子房每室胚珠1，珠孔向下，胚珠上升，种子具向下胚根。龙船花与同属其他植物的主要区别是，托叶基部合生成鞘形，顶端渐尖，渐尖部分比鞘长，花萼裂片短于萼管。

【栽培】阳性。扦插、播种繁殖。

【特色】花红色或橙色。

【应用】观花型常绿灌木。特别适合隔离带等低频度维护区域的配置，也作盆栽植物。

红星龙船花

【学名】**Ixora casei** Hance

【分布】加罗林群岛。

【识别】本种的花瓣宽度介于龙船花和龙山龙船花 Ixora longshanensis T. Chen之间，花冠的轮廓呈四角星形；龙船花的呈正方形；龙山龙船花的呈十字形。

【栽培】阳性。扦插、播种繁殖。

【特色】花红色或橙色。

【应用】观花型常绿灌木。特别适合隔离带等低频度维护区域的配置，也作盆栽植物。

水团花

【学名】**Adina pilulifera**（Lam.）Franch. ex Drake

【分布】中国长江以南地区，以及日本、越南。

【识别】水团花属与同科其他属的主要区别是，顶芽不显著，由托叶疏松包裹，叶对生，托叶窄三角形，深2裂达全长2/3以上，常宿存，头状花序1（~7）排成聚伞圆锥花序，子房每室胚珠多数，胎座位于子房隔膜上部1/3处，柱头球形或倒卵状棒形，蒴果，萼裂片宿存。水团花与同属其他种类的主要区别是，常绿，叶4~12cm×1.5~3cm，叶柄长0.3~1.2cm，花白色。

【栽培】稍耐荫。耐湿（常生长在水边，故称"水团花"）。扦插、播种繁殖。

【特色】头状花序，花柱伸出，似球形的狼牙棒。

【应用】观花型常绿灌木/小乔木。可单植、丛植、列植。早期多作为药用植物。和细叶水团花 **A. rubella** Hance（落叶灌木，花淡紫色）都是固岸护坡的树种，特别适合河道绿化和景区的生态恢复建设。

五萼粉纸扇

【学名】**Mussaenda philippica** A.Rich 'Queen Sirkit'

【分布】红纸扇**M. erythrophylla** Schumach. et Thonn.和紫纸扇**M. philippica** A. Rich 'Aurorae' 的杂交种。

【识别】玉叶金花属Mussaenda L.的部分种类有1枚萼片极发达呈花瓣状，很少全部呈彩色花瓣状且具长柄，五萼粉纸扇的所有5枚萼片全部呈粉红色花瓣状且具长柄，故很容易与同属品种相区分。

【栽培】阳性。扦插繁殖。

【特色】5枚萼片全部呈粉红色花瓣状。

【应用】观花型常绿灌木。特别适合与棕榈科植物配置，以营造热带景观。

红纸扇

【学名】**Mussaenda erythrophylla** Schumach. et Thonn.

【分布】热带非洲的湿热地区。

【识别】与五萼粉纸扇不同，红纸扇仅有1枚萼片极发达呈花瓣状，深红色。

【栽培】阳性。扦插繁殖。

【特色】萼片（仅1枚）呈深红色花瓣状。

【应用】观花型常绿灌木。特别适合与棕榈科植物配置，以营造热带景观。

重瓣栀子（白蟾）

【学名】*Gardenia jasminoides* Ellis var. **fortuniana**（Lindl.）Hara

【分布】中国山东及以南地区，以及日本。

【识别】本种为栀子的变种，前者为重瓣，后者为单瓣。

【栽培】夏季忌直射阳光。扦插繁殖。

【特色】花香，白色；重瓣，比原种更具层次感，观赏价值更高。

【应用】观花型常绿灌木；香化植物。

【备注】本种的原种——栀子的果实提供了天然食品色素、化妆品天然着色剂，以及散瘀等。

郎德木

【学名】**Rondeletia odorata** Jacq.

【分布】古巴。

【识别】郎德木属与同科其他属的主要区别是，花冠裂片覆瓦状排列，花冠喉部有一环胼胝体，子房每室有多数胚珠，蒴果开裂。郎德木与同属其他种类的主要区别是，灌木；叶对生，革质，具短柄，2~5cm×1~3.5cm，叶两面常皱，侧脉3~6对，在叶面下凹；聚伞花序顶生，花冠鲜红色，喉部带黄色。

【栽培】阳性。扦插繁殖。

【特色】顶生花序，花密集，花瓣红色，环胼胝体黄色。

【应用】观花型常绿灌木。特别适合作为地被花卉或花篱。

小粒咖啡

【学名】**Coffea arabica** L.

【分布】东非。

【识别】咖啡属种类多达百种，本种与其他种类的主要区别是，树冠外侧的叶较小，长不及15cm，托叶顶端钻形或芒尖，侧脉每边7~13条，聚伞花序2~4个腋生。

【栽培】阳性。播种繁殖。

【特色】果实红色。饮料植物。

【应用】观果型常绿灌木。特别适合配置于休闲农场。

黄蝉

【学名】**Allamanda Schottii** Pohl［异名：*Allemanda neriifolia* Hook.］

【分布】巴西。

【识别】夹竹桃科具乳汁或汁液，叶常对生或轮生，桑科也具乳汁，但叶常互生。黄蝉属与同科其他属的主要区别是，无托叶，雄蕊离生，心皮1，蒴果，外果皮具长刺。黄蝉与同属其他种类的主要区别是，直立灌木；花冠筒长不超过2cm，其基部膨大。

【栽培】阳性。扦插、播种繁殖。

【特色】花多，鲜艳。果具长刺。

【应用】观花型常绿灌木。特别适合作花篱。

169

软枝黄蝉

【学名】**Allamanda cathartica** L.

【分布】巴西。

【识别】本种与同科其他属的主要区别是，藤状灌木，花长7~11cm，直径9~11cm，花冠筒长3~4cm，其基部圆筒状。

【栽培】阳性。扦插、播种繁殖。

【特色】花大，鲜艳。

【应用】观花型常绿藤状灌木。特别适合片植。

紫蝉

【学名】**Allamanda blanchetii A. DC**（*A. violacea* Gardner）

【分布】巴西。

【识别】本种与软枝黄蝉相似，但前者的花紫红色。

【栽培】阳性。扦插繁殖。

【特色】花多、大、鲜艳。

【应用】观花型常绿灌木。特别适合配置于水体边。

糖胶树

【学名】**Alstonia scholaris**（L.）R. Br.

【分布】中国长江以南地区，以及日本、越南。

【识别】鸡骨常山属Alstonia与同科其他属的主要区别是，乔灌木，无刺，叶常轮生，无托叶，花冠管圆柱形，蓇葖成对。糖胶树与同属其他种类的主要区别是，乔木，侧脉密，心皮离生，蓇葖成对，分离。

【栽培】阳性。扦插、播种繁殖。

【特色】侧枝轮生，似花盆架；蓇葖线形，下垂。

【应用】观姿型、观果型常绿乔木。可丛植、列植。

【备注】盆架树**A. rostrata**  C. E. C. Fisch.与糖胶树非常相似，两者的叶脉密集，但前者的叶片先端渐尖，心皮合生，蓇葖合生。厦门等地所称的"盆架子"（蓇葖成对、分离）均为糖胶树。

花叶蔓长春花

【学名】**Vinca major** L. 'Variegata'

【分布】蔓长春花的栽培品种。

【识别】与原种的区别是叶缘具乳黄色斑纹。

【栽培】稍耐荫。扦插、播种繁殖。

【特色】花叶，花蓝紫色。

【应用】观叶型、观花型常绿蔓性亚灌木。特别适合片植或配置于花坛。

长春花

【学名】**Catharanthus roseus**（L.）G. Don

【分布】马达加斯加。

【识别】长春花与蔓长春花相似，但前者为多年生草本，花2~3朵，紫红色，柱头无明显丛毛也无明显增厚部，花丝圆筒状，花药顶端无毛；后者蔓性亚灌木，花单生，蓝紫色，柱头有丛毛，基部有明显的环状增厚，花丝扁平，花药顶端有毛。

【栽培】稍耐荫。扦插、播种繁殖。

【特色】花多，鲜艳。

【应用】观花型多年生草本。特别适合片植或配置于花坛。

红鸡蛋花

【学名】**Plumeria rubra** L.

【分布】墨西哥至中美洲。

【识别】鸡蛋花属与同科其他属的主要区别是，小乔木，枝条粗而带肉质，叶大，互生，无托叶，花序顶生，花冠裂片顺时针向外伸展，蓇葖双生，种子顶端具有膜翅。本种与同属其他种类的主要区别是，叶片无光泽、先端尖，花红色。本种的不同品种的花具有不同的颜色，如鸡蛋花为白花黄心，三色鸡蛋花具有三种颜色，粉红鸡蛋花呈两种颜色——粉红、黄色。其中，鸡蛋花是国内最常见的。

【栽培】阳性。扦插繁殖。

【特色】花红色。

【应用】观姿型、观花型落叶小乔木。可单植、丛植、列植。设计时，应确保其有横向生长空间。

三色鸡蛋花

粉红鸡蛋花

鸡蛋花

刺黄果

【学名】**Carissa carandas** L.

【分布】南亚，印度尼西亚。

【识别】假虎刺属与同科其他属的主要区别是，有刺，无托叶，雄蕊离生，浆果。刺黄果与同属其他植物的主要区别是，枝条无毛，叶广卵形至长圆形，先端具短尖头；花冠裂片逆时针向外伸展（与鸡蛋花属相反），子房每室有胚珠，果椭球形。

【栽培】阳性，若光照不足，容易出现煤烟病。播种繁殖。

【特色】果多，鲜艳；果可食。

【应用】观花型常绿灌木。特别适合观光果园和休闲农场，也可作刺篱。

【备注】刺黄果和茜草科的虎刺**Damnacanthus indicus** Gaertn.都具刺，但前者具乳汁，刺分叉；后者无乳汁，刺针状。

古城玫瑰树

【学名】**Ochrosia elliptica** Labill.

【分布】澳大利亚。

【识别】玫瑰树属与同科其他属的主要区别是，乔木，叶常轮生，稀对生，花冠裂片逆时针向外伸展，雄蕊离生，核果。古城玫瑰树和玫瑰树**O. borbonica** Gmelin较为相似，但前者的叶薄纸质，先端钝或具短尖头；后者的叶近革质，先端常圆形。

【栽培】稍耐荫。播种繁殖。

【特色】核果成对，果形特别，鲜红色。

【应用】观果型常绿乔木。可单植、丛植、列植。

四叶萝芙木

【学名】**Rauvolfia tetraphylla** L.

【分布】热带美洲。

【识别】萝芙木属与同科其他属的主要区别是，乔灌木，无托叶，花冠裂片顺时针向外伸展，花盘环状，雄蕊离生，心皮2，核果。四叶萝芙木与同属其他种类的主要区别是，常4叶轮生，心皮及核果均合生。

【栽培】稍耐荫。播种繁殖。

【特色】叶较宽，轮生，果柄短，鲜红的果实就像放在盆架上。

【应用】观果型常绿灌木。特别适合配置于草坪与树林边缘。

海杧果

【学名】**Cerbera manghas** L.

【分布】中国广西、海南、广东、台湾，以及东南亚至澳大利亚。

【识别】海杧果属与同科其他属的主要区别是，乔木，叶互生（夹竹桃科常对生或轮生），无托叶，雄蕊离生，核果。海杧果与同属其他植物的主要区别是，叶厚纸质，倒卵状长圆形或倒卵状披针形，无毛，叶面深绿色，具光泽，中脉和侧脉在叶面扁平，在叶背凸起（如左图），花冠白色，但喉部红色。

【栽培】阳性。播种、扦插繁殖。

【特色】叶亮绿色，花多，鲜艳。

【应用】观花型常绿乔木。可丛植、列植。特别适合种植在海边。

【备注】本种果形与杧果相似，故称"海杧果"，但前者的果实有剧毒，不可食用，后者为漆树科果树。

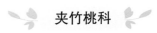

夹竹桃科

金叶夹竹桃

【学名】**Nerium oleander** L. 'Variegatum'

【分布】本种为欧洲夹竹桃 **Nerium oleander** L.（异名：*N. indicum* Mill.）的栽培品种。

【识别】本种与原种的区别是，叶片具黄色斑纹。

【栽培】阳性。抗污染。扦插繁殖。

【特色】叶片具黄色斑纹，色泽亮丽。

【应用】观叶型、观花型常绿灌木。特别适合配置于花坛。

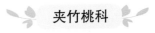

夹竹桃科

斑叶络石

【学名】**Trachelospermum jasminoides**（Lindl.）Lem. 'Variegatum'

【分布】络石的栽培品种。

【识别】新叶具红褐色转为白色的斑纹。

【栽培】稍耐荫。扦插繁殖。

【特色】斑叶，花多，鲜艳。

【应用】观叶型、观花型常绿木质藤本。可用于垂直绿化或地被植物。

飘香藤

【学名】**Mandevilla sanderi**（Hemsl.）Woodson（异名：*Dipladenia sanderi* Hemsl.）

【分布】巴西东南部。

【识别】文藤属与同科其他属的主要区别是，藤本，叶对生，叶柄间托叶退化成线形裂片，花序腋生，花大，雄蕊藏于花冠管，粘生于柱头。飘香藤与同属其他种类的主要区别是，花大，深粉红色，具香味。

【栽培】稍耐荫。扦插、播种繁殖。

【特色】花多、大、艳。

【应用】观花型常绿藤本。需搭设花架。花多，可建成"花廊"。

钉头果（气球花）

【学名】**Gomphocarpus fruticosus**（L.）W. T. Aiton

【分布】非洲。

【识别】膏葖膨胀，近圆状，外果皮具软刺。

【栽培】阳性。播种繁殖。

【特色】果实中空呈气球状。

【应用】观果型常绿灌木。特别适合点缀于拐角处或山石旁。

【备注】本种原置于萝藦科［萝藦科常具副花冠，雄蕊常合生，花粉常合生成花粉块，植株常有毒，不可食用，少数植物如球兰 **Hoya carnosa**（L. f.）R. Br.可治疗肺炎等］，萝藦科现并入夹竹桃科。

夹竹桃科

牛角瓜

【学名】**Calotropis gigantea**〔L.〕W. T. Aiton

【分布】中国西南、华南，以及热带非洲经印度至东南亚。

【识别】花冠紫色，裂片5枚，镊合状排列或向下并侧向卷曲；副花冠5裂，着生于雄蕊的背部，肉质隆起，其基部成一外卷的距；雄蕊着生于花冠的基部；子房由2枚离生心皮组成，柱头平压状五角形。白花牛角瓜**C. procera**〔Aiton〕W. T. Aiton与本种相似，但花冠为白色。

【栽培】阳性。播种繁殖。

【特色】花冠紫色；副花冠基部成一外卷的距；柱头平压状五角形；蓇葖弯曲似牛角，故称为"牛角瓜"。

【应用】观花型、观果型常绿灌木。特别适合配置于草坪。

夹竹桃科

球兰

【学名】**Hoya carnosa**〔L. f.〕R. Br.

【分布】中国云南、福建、台湾及华南地区，日本，马来西亚，越南。

【识别】花序呈半球形。

【栽培】阳性。扦插繁殖。

【特色】花冠白色，中心有时呈紫红色或粉红色。

【应用】观花型常绿藤本。特别适合固定于棕榈科茎干，构筑附生景观。

蜂出巢

金边凹叶球兰

【学名】Hoya multiflora Blume

【分布】中国云南、广西，以及东南亚。

【识别】花冠5深裂，裂片黄色，开花时反折，副花冠裂片5，白色，基部延生角状长距，呈星状射出。

【栽培】阳性。扦插、播种繁殖。

【特色】花序似成群蜜蜂飞出，故称"蜂出巢"。

【应用】观花型常绿藤本。特别适合固定于棕榈科茎干，构筑附生景观。除了球兰、蜂出巢之外，球兰属还有很多观赏种类，如金边凹叶球兰 **H. kerrii** Craib 'Variegated'（叶倒卵形，顶端明显2裂呈心形，叶缘具黄色斑纹）。

灰莉

【学名】Fagraea ceilanica Thunb.

【分布】中国华南地区、云南、台湾，以及东南亚、印度。

【识别】灰莉属与同科其他属的主要区别是，植株无腺毛，单叶对生，羽状脉常不明显，托叶合生成鞘，常在两个叶柄间开裂而成为2个腋生鳞片，花常5基数，花冠漏斗状或近高脚碟状，花冠裂片在花蕾时覆瓦状排列，浆果。灰莉与同属其他植物的主要区别是，乔木，有时附生于其他树上呈攀援状，叶片稍肉质，叶面墨绿色，花冠漏斗状，稍肉质，白色，芳香，浆果卵状或近球状，顶端有尖喙。

【栽培】稍耐荫。扦插、播种繁殖。

【特色】枝繁叶茂，叶深绿，具光泽。

【应用】观叶型、观花型常绿乔木。可单植、丛植、列植，现多修剪成球形，特别适合与花灌木或色叶植物搭配，也特别适合作为盆栽植物置于大门两侧。

连翘

【学名】**Forsythia suspensa**（Thunb.）Vahl

【分布】中国河北、山西、陕西、山东、安徽、河南、湖北、四川、重庆。

【识别】连翘属与同科其他属的主要区别是，枝中空或具片状髓，花黄色，花冠裂片明显长于花冠管，子房每室具下垂胚珠多枚，蒴果，种子有翅。连翘与同属其他植物的主要区别是，枝中空，叶具齿。

【栽培】稍耐荫。扦插、压条、分株繁殖。

【特色】先花后叶，早春的观花植物，花多、鲜艳。

【应用】观花型落叶灌木。特别适合配置于花坛。是水土保持、退耕还林的生态经济树种。

什锦丁香

【学名】**Syringa × chinensis** Schmidt

【分布】杂交种。

【识别】丁香属与连翘属相似，但前者枝实心，花紫色、红色、粉红色或白色，花冠裂片明显短于花冠管或近等长。什锦丁香与同属其他种类的主要区别是，叶片卵状披针形至卵形，全缘，基部楔形至近圆形，两面无毛，圆锥花序直立，由侧芽抽生，花冠（淡）紫色（图中左侧灌木）。

【栽培】稍耐荫。扦插繁殖。

【特色】花多、鲜艳。

【应用】观花型落叶灌木。特别适合配置于花坛。

紫丁香

【学名】**Syringa oblata** Lindl.

【分布】中国东北至西南（新疆除外）。

【识别】本种与什锦丁香较相似，花均呈紫色，但前者叶长不超过宽，后者叶长大于宽。

【栽培】阳性。扦插、播种繁殖。

【特色】花多，鲜艳。

【应用】观花型落叶灌木/小乔木。可单植、丛植、列植。

白蜡树

【学名】**Fraxinus chinensis** Roxb.

【分布】中国，以及越南、朝鲜半岛、日本、俄罗斯。

【识别】梣属与同科其他属的主要区别是，奇数羽状复叶，子房每室具下垂胚珠2枚，翅果，翅生于果顶端。连翘与同属其他种类的主要区别是，羽片5~7，先端锐尖至渐尖，叶面无毛，圆锥花序顶生枝端或出自当年生枝的叶腋，花与叶同时开放，花萼筒状，无花冠。

【栽培】阳性。速生耐湿，耐旱、贫瘠、耐轻度盐碱。播种繁殖。

【特色】树干通直；翅果匙形，上中部最宽，先端锐尖，常呈犁头状。

【应用】观果型落叶乔木。可单植、丛植、列植。防风固沙和护堤、护路的优良树种。曾用于放养白蜡虫。

木犀（桂花）

【学名】**Osmanthus fragrans**Lour.

【分布】中国西南。

【识别】木犀属与同科其他属的主要区别是，花多簇生，花冠裂片在花蕾时呈覆瓦状排列，每室具下垂胚珠2，核果。木犀与同属其他种的主要区别是，枝叶无毛，叶革质，花浓香，花冠裂片比花冠管长2倍以上。常见品种包括四季桂（一年数次开花，以秋季为主，花淡黄色或白色，淡香）、金桂（花黄色，浓香）、银桂（花乳黄色，浓香）、丹桂（花橙色，浓香）。

【栽培】阳性。播种、扦插、嫁接、压条繁殖。

【特色】花浓香，为食品香料。

【应用】观花型常绿乔木/灌木；香花植物；传统的人文意境植物，古代诗画的题材，李白的《咏桂》"安知南山桂，绿叶垂芳根……"导致栽培桂花日渐普遍。可单植、丛植、列植。特别适合休闲农场。

丹桂　　　　　金桂

茉莉花

【学名】**Jasminum sambac**（L.）Ait.

【分布】中国西藏，以及不丹、印度。

【识别】素馨属Jasminum与同科其他属的主要区别是，花冠裂片在花蕾时呈覆瓦状排列（栽培中常为重瓣，如右图），子房每室具向上胚珠1~2枚，浆果双生或不育而成单生。本种与同属其他种的主要区别是，单叶对生，聚伞花序顶生，花（1~）3（~5），花萼裂片锥状线形（即图中凋谢花朵下方的锥状物）。

【栽培】阳性。扦插繁殖。

【特色】花浓香。茉莉花茶的原料。

【应用】常绿半蔓性浓香灌木。多修剪作绿篱。特别适合休闲农场。

流苏树

【**学名**】**Chionanthus retusus** Lindl.et Paxt.

【**分布**】中国甘肃、陕西、山西、河北及以南地区，以及朝鲜半岛、日本。

【**识别**】流苏树属与同科其他属的主要区别是，圆锥花序，花冠管短，裂片4枚，深裂至近基部，裂片狭长，花蕾时呈内向镊合状排列。流苏树与同属其他种类的主要区别是，落叶，花冠长1.2~3cm。

【**栽培**】阳性。耐旱、贫瘠，耐轻度盐碱。生长缓慢。播种、扦插繁殖。

【**特色**】远看，盛花期时如白雪压树；近看，花冠裂片纤细秀丽，故称"流苏树"。花香。

【**应用**】观花型落叶乔木/灌木。香花植物。传统的人文意境植物。山东有一株流苏树被省林业厅命名为"齐鲁千年流苏树王"。据传，春秋五霸之首的齐桓公于公元前685年为庆贺"悬羊山决战"取得王位，宴请所有文武将士之后亲手所植该树。可单植、丛植、列植。

口红花

【**学名**】**Aeschynanthus pulcher**（Blume）G.Don

【**分布**】东南亚。

【**识别**】花萼红褐色，具光泽，花冠明显二唇形，鲜红色，似双唇涂上口红，故称为"口红花"。

【**栽培**】喜半荫。扦插繁殖。

【**特色**】花鲜红似涂上口红的双唇，为本属最优美的种类。

【**应用**】观花型附生小灌木。特别适合作为附生花卉配置于观光温室。

 玄参科

炮仗竹

【学名】**Russelia equisetiformis** Schltdl. et Cham.

【分布】墨西哥。

【识别】红色花冠管细长，似鞭炮，茎干因枝叶轮生呈明显的节，似竹子，故称为"炮仗竹"。本种与炮仗花不同，后者为紫葳科植物。

【栽培】阳性，稍耐荫。扦插、播种繁殖。

【特色】花似成串悬挂的鞭炮。

【应用】观花型常绿灌木。可与山石相配置，或植于坡地、墙头，特别适合郊野景区。

 玄参科

楸叶泡桐

【学名】**Paulownia catalpifolia** T. Gong ex D.Y. Tong

【分布】中国山东。

【识别】本种与兰考泡桐**Paulownia elongata** S. Y. Hu相似，花萼浅裂，但前者的叶片长约为宽的2倍，后者长宽几相等。

【栽培】阳性。播种繁殖。

【特色】先花后叶，花满枝头。

【应用】观花型落叶乔木。可单植、列植、丛植。

白花泡桐

【学名】**Paulownia fortunei** (Seem.) Hemsl.

【分布】中国西南、华南、华中、华东。

【识别】花序圆柱形，花序梗与花梗等长。本种是同属中果实最大的，长6~10cm，果皮最厚且木质化，花序呈圆柱形。

【栽培】阳性。播种繁殖。

【特色】先花后叶，花满枝头。

【应用】观花型落叶乔木。可单植、列植、丛植。

红花玉芙蓉

【学名】**Leucophyllum frutescens** (Berland.) I. M. Johnst.

【分布】墨西哥。

【识别】叶互生，椭圆形或倒卵形，长2~4cm，密被白毛；花冠风铃状，5裂，紫红色。

【栽培】阳性。播种繁殖。

【特色】叶银白色，紫红色。

【应用】观花型常绿灌木。

毛地黄

【学名】**Digitalis purpurea** L.

【分布】欧洲。

【识别】一年生或多年生草本，茎单生或成丛；基生叶多数成莲座状，叶柄具狭翅，叶缘具齿，茎生叶下部的与基生叶同形，向上渐小，叶柄短直至无柄而成为苞片；花冠紫红色至白色，内面具斑点，亚二唇状，长3~4.5cm，上唇短于下唇，下唇3裂，中裂片大而外伸；蒴果卵形，长约1.5cm。

【栽培】阳性。播种繁殖。

【特色】花序顶生，鲜艳。

【应用】观花型草本植物。特别适合配置于花坛。

黄花胡麻

【学名】**Uncarina grandidieri**（Baill.）Stapf

【分布】马达加斯加。

【识别】多浆植物，树枝弯曲，叶阔卵形，基部心形，具掌状脉，花黄色（筒部为深紫红色）。

【栽培】阳性。播种繁殖。

【特色】茎干粗大，可达80cm，树枝弯曲，花黄色。

【应用】观姿型、观茎型、观花型落叶小乔木。宜单植。

烟花爵床（珊瑚花）

【学名】**Jacobinia carnea** Lindl.（*Cyrtanthera carnea*（Lindl.）Bremek.）

【分布】巴西、阿根廷、巴拉圭。

【识别】粉红色的花紧密排列呈球状。

【栽培】阳性。扦插、播种繁殖。

【特色】球状花序似绽放的烟花，故称为"烟花爵床"，本种是爵床科中最具特色的花卉之一。

【应用】观花型草本/亚灌木。特别适合配置于花坛，也可盆栽。

【备注】《中国植物志》（第70卷）将本种称为"珊瑚花"，而《中国植物志》（第44卷第2册）和《Flora of China》（第11卷）将大戟科的**Jatropha multifida** L. 称为"珊瑚花"，故再次"异物同名"。鉴于珊瑚常为树枝状，故仍将**Jatropha multifida**称为"珊瑚花"，而将本种改称"烟花爵床"。

叉花草

【学名】**Strobilanthes hamiltoniana**（Steud.）Bosser et Heine

【分布】中国西藏，以及南亚、缅甸。

【识别】叶深绿色，羽状脉于叶面显著凸起，叶缘具齿，花紫红色，悬垂。

【栽培】阳性。扦插繁殖。

【特色】叶具光泽，叶脉凸起，似塑料花；花满枝头，悬垂似风铃。

【应用】观花型常绿灌木。

紫叶马蓝

【学名】**Strobilanthes auriculata** Nees var. **dyeriana** （Mast.）J. R. I. Wood ［异名：*Perilepta dyeriana*（Mast.） Bremek.］

【分布】缅甸。

【识别】羽状脉整齐排列，新叶叶脉间呈蓝紫色。

【栽培】阳性。扦插繁殖。

【特色】新叶叶脉间呈蓝紫色。

【应用】观叶型亚灌木。特别适合配置于花坛。

彩叶木

【学名】**Graptophyllum pictum**（L.）Griff.

【分布】新几内亚。

【识别】叶绿色，但中央具宽窄不一、边界不规则的纵向混合色斑——（淡）黄、淡绿、浅红褐色。

【栽培】阳性。扦插繁殖。

【特色】叶中央具不规则的纵向混合色斑。

【应用】观叶型常绿灌木。特别适合配置花坛或作为彩叶地被植物。

黄脉爵床（金脉爵床）

【学名】**Sanchezia oblonga** Ruiz et Pav.（异名：S. *nobilis* Hook. f.）

【分布】厄瓜多尔。

【识别】绿色的叶片具黄色的羽状脉。

【栽培】阳性，若光照不足或低温，叶脉的黄色会消褪。扦插繁殖。

【特色】黄色的羽状脉似鱼骨一样整齐；花黄色。

【应用】观叶型、观花型常绿灌木。常用作绿篱。

金脉单药花

【学名】**Aphelandra squarrosa** Nees 'Dania'
【分布】单药花的栽培品种。
【识别】叶深绿色，具光泽，羽状脉淡黄色。
【栽培】喜半荫。扦插繁殖。
【特色】羽状脉似鱼骨。
【应用】观叶型、观花型亚灌木。特别适合花坛，也可盆栽。

银脉芦莉

【学名】**Ruellia makoyana** Closon
【分布】巴西东南部。
【识别】叶面绿色，中脉、侧脉的基部白色，花粉色。
【栽培】喜半荫。扦插繁殖。
【特色】中脉、侧脉的基部白色。
【应用】观叶型多年生草本植物。特别适合作为地被植物，也可盆栽。

红花芦莉

【学名】**Ruellia elegans** Poir.
【分布】巴西东北至东南部。
【识别】花红色，叶脉于叶面显著下陷。
【栽培】阳性。扦插繁殖。
【特色】花红色。
【应用】观花型多年生草本植物。可作为花篱，或盆栽。

蓝花草

【学名】**Ruellia simplex** C.Wright（异名：*Ruellia brittoniana* Leonard）

【分布】热带美洲。

【识别】叶线状披针形（是同属植物中最狭长的），花蓝紫色，故称为"蓝花草"。

【栽培】阳性。扦插繁殖。

【特色】花蓝紫色。

【应用】观花型多年生草本植物。片植。特别适合配置于花坛。

直立山牵牛（立鹤花、硬枝老鸦嘴）

【学名】**Thunbergia erecta**（Benth.）T. Anders.

【分布】西非。

【识别】山牵牛属大多为藤本，但本种为直立的灌木，故称为"直立山牵牛"。

【栽培】阳性。扦插繁殖。

【特色】花满枝头，花冠管内侧的黄色与冠檐的紫色构成互补色（互补色类型见图45）。

【应用】观花型常绿灌木。特别适合配置于花坛、草坪、水体边。

山牵牛（大花山牵牛、大花老鸦嘴）

【学名】**Thunbergia grandiflora**（Roxb. ex Rottler）Roxb.

【分布】中国华南以及福建，南亚、东南亚。

【识别】本种和直立山牵牛的花类似，但花更大，冠檐浅蓝紫色，花冠喉部为白色，花冠管内侧淡黄色。

【栽培】阳性。扦插繁殖。

【特色】花成串、大而鲜艳。

【应用】观花型常绿藤本。需搭设花架。

金苞花

【学名】**Pachystachys lutea** Nees

【分布】巴西、巴拿马、秘鲁。

【识别】顶生穗状花序，白色的花从金黄色的苞片中伸出。

【栽培】阳性。扦插繁殖。

【特色】顶生花序似金塔，白花似鸟从塔中飞出。

【应用】观花型亚灌木。特别适合配置于花坛，也可盆栽。

赤苞花

【学名】**Megaskepasma erythrochlamys** Lindau

【分布】委内瑞拉、苏里南。

【识别】白色的花从紫红色的苞片中伸出。

【栽培】阳性。扦插繁殖。

【特色】苞片紫红色。

【应用】观花型常绿灌木。特别适合与棕榈科植物相配置。

爵床科

十字爵床（鸟尾花）

【学名】**Crossandra infundibuliformis**（L.）Nees

【分布】南亚。

【识别】4叶轮生，故称为"十字爵床"；花向一侧平展，似飞翔时的鸟翼，故也称为"鸟尾花"。

【栽培】阳性。扦插、播种繁殖。

【特色】花橙色，似鸟翼。

【应用】观花型常绿灌木。特别适合配置于花坛，也可盆栽。

爵床科

红号爵床

【学名】**Odontonema tubaeforme**（Bertol.）Kuntze（异名：*Odontonema strictum*（Nees）Kuntze）

【分布】墨西哥至哥伦比亚。

【识别】花冠管细长，鲜红色。

【栽培】阳性。扦插繁殖。

【特色】花冠管细长，斜向上伸展，似哨兵吹号。种加词"tubaeforme"是指管状的花。

【应用】观花型常绿灌木。片植作地被花卉。

紫葳科

非洲凌霄（紫芸藤）

【学名】**Podranea ricasoliana**（Tanfani）Sprague

【分布】非洲南部。

【识别】紫葳科的叶对生、互生（包括簇生）或轮生，单叶、羽状复叶、三出复叶（包括羽状三出复叶、指状3小叶），稀掌状复叶。其中，木本类群（乔木、灌木或木质藤本）的羽状复叶常对生，与豆科等其他科的羽状复叶互生的类群（如凤凰木）易于区别；掌状复叶类群也常对生，与五加科等其他科的掌状复叶互生的类群（如辐叶鹅掌柴）易于区别。非洲凌霄为藤本，无卷须，无气生根，奇数羽状复叶对生，小叶7~11，叶缘具齿，花粉红色，脉纹为红色，蒴果线形。

【栽培】阳性。扦插、播种繁殖。

【特色】花粉红色。

【应用】观花型常绿木质藤本。可沿栏杆等攀爬，也可修剪成花篱。

连理藤

【**学名**】**Bignonia callistegioides** Cham. ［*Clytostoma callistegioides*（Cham.）Bur. et Schum.］

【**分布**】南美洲中部。

【**识别**】本种的花与非洲凌霄的相似，但前者的花冠裂片紫色，脉纹深紫色；后者的花冠裂片粉红色，脉纹红色；此外，前者为2小叶，有时为单叶，具卷须，后者为羽状复叶，无卷须。

【**栽培**】阳性。扦插繁殖。

【**特色**】花紫色。

【**应用**】观花型常绿木质藤本。可沿栏杆等攀爬。

蒜香藤

【**学名**】**Mansoa alliacea**（Lam.）A.H.Gentry［异名：*Pseudocalymma alliaceum*（Lam.）Sandwith］

【**分布**】南美洲北部。

【**识别**】蒜香藤和连理藤相似，具2小叶，但前者无卷须，叶、花具蒜味。

【**栽培**】阳性。有时受蛀干害虫危害，上部枝条枯死。扦插繁殖。

【**特色**】花密集，花色由紫转淡；叶、花具蒜味。

【**应用**】观花型常绿木质藤本。可沿栏杆等攀爬，也可修剪成花篱。

炮仗花

【学名】**Pyrostegia venusta**（Ker Gawl.）Miers

【分布】巴西。

【识别】炮仗花属仅2种，炮仗花和巴西炮仗花**P. millingtonioides** Sandwith。炮仗花为藤本，羽状三出复叶，顶生小叶常变3叉的丝状卷须，顶生圆锥花序，花冠筒状，橙红色，裂片5，花蕾期镊合状排列，花开放后反折。猫爪藤**Dolichandra unguis-cati**（L.）L.G.Lohmann也是羽状三出复叶，顶生小叶也常变3叉的卷须，但卷须为猫爪状，故易于区别。猫爪藤的花非常艳丽，但属于入侵植物，故本书未将其作为景观植物加以专门介绍。

【栽培】阳性。扦插繁殖（栽培中很少见到结实）。

【特色】花密集排列，似成串的鞭炮，故称"炮仗花"，是南方最艳丽、花期最长久的藤本之一。

【应用】观花型常绿木质藤本。可搭设花架。

猫爪藤

黄金树

【学名】**Catalpa speciosa** Teas

【分布】美国。

【识别】梓属和同科其他属的主要区别是，乔木，单叶，能育雄蕊2，蒴果室背开裂，种子两端有束毛。黄金树与同属其他种类的主要区别是，圆锥花序，花冠（喉部除外）纯白色，果爿宽1cm。

【栽培】阳性。耐寒。播种繁殖。

【特色】花白色，果线形。

【应用】观姿型、观果型落叶乔木。可单植、丛植、列植。

蓝花楹

【学名】Jacaranda mimosifolia D. Don

【分布】巴西、玻利维亚、阿根廷。

【识别】落叶乔木，叶对生，2回羽状复叶，羽片、小羽片16对以上，花蓝色，朔果木质，扁卵圆形。豆科等类群有不少种类是2回羽状复叶，与本种相似，但前者的复叶互生。

【栽培】阳性。播种繁殖。紫葳科大多数种类易于扦插，本种亦然。

【特色】蓝色花序；果似铜钱。本种大树在盛花期时如蓝色的海洋，是最优良的观花树木之一。

【应用】观花型、观果型落叶乔木。可单植、丛植、列植。

木蝴蝶（千张纸）

【学名】Oroxylum indicum（L.）Kurz

【分布】中国西南、华南、福建、台湾，以及东南亚。

【识别】木蝴蝶属仅1种，与同科其他种类的主要区别是，2~3回3数羽状复叶；顶生总状花序直立，花大，花萼钟状，花冠裂片白色，花冠筒部内侧白色、外侧紫红色，子房2室；朔果带状，长达1 m。

【栽培】阳性。播种繁殖。

【特色】顶生总状花序伸长，似在空中挥舞的长鞭；果带状（即横截面为线形，见图49，其他紫葳科植物的果实横截面常为圆形）；种子圆形，具周翅，中央为木质，似蝴蝶，故称为"木蝴蝶"，周翅薄如纸，故也称"千张纸"。木质的种子洒落地面，不仅不会污染地面，还别有风情。

【应用】观花型、观果型落叶乔木。可单植、丛植、列植。早期多作为药用植物。

猫尾木（西南猫尾木）

【学名】**Markhamia stipulata**（Wall.）Seem.［异名：*Dolichandrone stipulata*（Wall.）Benth.，*D.stipulata*（Wall.）Benth. var. *kerrii*（Sprague）C. Y. Wu et W. C. Yin，*D. stipulata*（Wall.）Benth. var. *velutina*（Kurz）Clarke］

【分布】中国西南，以及东南亚、孟加拉国。

【识别】蒴果线形，略扁，弯曲，密被绒毛，酷似猫尾，故称为"猫尾木"（见图50）。

【栽培】阳性。播种繁殖。

【特色】果似猫尾。

【应用】观果型常绿乔木。可单植、丛植、列植。

红花风铃木

【学名】**Tabebuia rosea**（Bertol.）Bertero ex A. DC.

【分布】墨西哥至南美洲北部。

【识别】掌状复叶对生，花玫瑰红色。掌状复叶且对生的类群非常少，仅见于五加科、马鞭草科等少数类群。

【栽培】阳性。播种繁殖。

【特色】花成簇，玫瑰花色。

【应用】观花型落叶乔木。可单植、丛植、列植。特别适合配置于草坪。

黄花风铃木

【学名】Tabeb uia aurea（Silva Manso）Benth. et Hook.f. ex S. Moore

【分布】热带南美洲。

【识别】与红花风铃木相似，但叶革质，花黄色。

【栽培】阳性。播种繁殖。

【特色】花黄色，果棒形。

【应用】观花型常绿乔木。可单植、丛植、列植。特别适合配置于山石边。

黄花彩铃木（黄金风铃木）

【学名】Handroanthus chrysanthus（Jacq.）S. Grose［异名：*Tabebuia chrysantha*（Jacq.）G.Nicholson］

【分布】墨西哥至南美洲北部。

【识别】本种和黄花风铃木相似，但前者落叶，叶纸质，叶缘具齿；后者常绿，叶革质，全缘。

【栽培】阳性。播种繁殖。

【特色】花金黄色，先花后叶，非常鲜艳、醒目。

【应用】观花型落叶乔木。可单植、丛植、列植。花色艳丽，单株点缀即可获得很好的景观效果。

紫葳科

火焰树

【学名】Spathodea campanulata P. Beauv.

【分布】热带非洲。

【识别】火焰树属（仅1种）与同科其他属的主要区别是，乔木，一回羽状复叶，叶轴无翅，花萼钟状，花冠大，直径超过5cm，橙红色，蒴果线状披针形，向上伸展。

【栽培】阳性。播种繁殖。

【特色】花序顶生，花色艳丽。

【应用】观花型常绿乔木。可单植、丛植、列植。南亚热带地区新近流行的开花乔木。

紫葳科

美叶菜豆树

【学名】Radermachera frondosa Chun et How

【分布】中国广西、广东、海南。

【识别】菜豆树属和羽叶楸属较相似，但前者果实的隔膜为扁圆柱形，种子略微陷入隔膜。美叶菜豆树与同属其他种类的主要区别是：二回羽状复叶，叶柄、叶轴、花序具短柔毛，花白色，能育雄蕊4，蒴果厚革质。

【栽培】阳性。播种繁殖。

【特色】二回羽状复叶，果似菜豆。

【应用】观叶型、观果型常绿乔木。可单植、丛植、列植。

硬骨凌霄

【学名】**Tecomaria capensis**（Thunb.）Spach［异名：*Tecoma capensis*（Thunb.）Lindl.］

【分布】非洲中部至南部。

【识别】灌木，奇数羽状复叶，革质，小羽片7，叶缘具齿，花橙红色。

【栽培】稍耐荫。扦插繁殖。

【特色】花橙红色。

【应用】观花型常绿灌木。可作花篱，特别适合与山石相配。

黄钟花

【学名】**Tecoma stans**（L.）Juss. ex Kunth［异名：*Stenolobium stans*（L.）Seem.］

【分布】热带美洲。

【识别】奇数羽状复叶，纸质，小羽片3~9，叶缘具齿，花黄色。

【栽培】阳性。扦插繁殖。

【特色】花黄色。

【应用】观花型常绿乔木/灌木。可单植、丛植、列植。

吊灯树

【学名】**Kigelia africana**（Lam.）Benth.

【分布】热带非洲。

【识别】吊灯树属仅1种，与同科其他种类的主要区别是，乔木；一回奇数羽状复叶；圆锥花序顶生、下垂，子房1室，侧膜胎座；果实肥硕、粗棒状、不开裂（见图48）；种子无翅。

【栽培】阳性。播种繁殖。

【特色】树干分枝点低，小枝向下披散，果悬垂似吊灯，故称为"吊灯树"。

【应用】观姿型、观果型常绿乔木。可单植、丛植、列植。

腊肠果（蜡烛果）

【学名】**Parmentiera cereifera** Seem.

【分布】巴拿马。

【识别】复叶对生，指状3小叶，叶柄具翅，花白色，果悬垂，线形，具光泽。

【栽培】阳性。播种繁殖。

【特色】果悬垂，具光泽，似腊肠。

【应用】观花型常绿乔木。可单植、丛植、列植。

【备注】《中国植物志》（第69卷）将本种称为"蜡烛果"，但《中国植物志》（第58卷）和《Flora of China》（第15卷）的"蜡烛果"是指紫金牛科蜡烛果属的**Aegiceras corniculatum**（L.）Blanco，故再次"异物同名"，鉴于本种的果实似腊肠，故本书将其改称"腊肠果"。

十字架树

【学名】**Crescentia alata** Kunth

【分布】墨西哥至哥斯达黎加。

【识别】葫芦树属共5种，从单叶到指状复叶，从簇生到对生，从花腋生到老茎生花，果实从球形、先端圆的葫芦状到先端尖的卵球形。十字架树与同属其他种类的主要区别是，指状3小叶，小叶倒披针形，侧生的2枚小叶与顶生小叶近直角，叶柄具宽翅，故呈十字架状。

【栽培】阳性。播种繁殖。

【特色】枝条长、多平展，树冠呈伞形；复叶呈十字架状，故称为"十字架树"；花红褐色；果球形。

【应用】观姿型、观叶型、观花型、观果型常绿灌木/小乔木。特别适合配置于草坪。

葫芦树

【学名】**Crescentia cujete** L.

【分布】热带美洲。

【识别】单叶簇生，倒披针形，无叶柄。果卵球形。花淡黄绿色。

【栽培】阳性。播种繁殖。

【特色】果卵球形，似葫芦，故称为"葫芦树"。

【应用】观果型常绿乔木。可单植、丛植、列植。

冬红

【学名】**Holmskioldia sanguinea** Retz.

【分布】喜马拉雅山。

【识别】花萼红色至橙色，由基部向上扩展成碟状，花冠红色。

【栽培】阳性。冬季忌潮湿。扦插、播种繁殖。

【特色】花萼红色至橙色，扩展成碟状；冬季开花，故称为"冬红"。笔者在花台配置冬红就是确保冬季有花（见图54），从而保证花台一年四季都有花。

【应用】观花型常绿藤状灌木。可与其他春、夏、秋的观花植物搭配。

龙吐珠

【学名】Clerodendrum thomsoniae
Balff.

【分布】西非。

【识别】红色花冠从白色花萼中
伸出。

【栽培】阳性。扦插、播种繁殖。

【特色】红色花冠从白色花萼中
伸出，状如吐珠，故称为"龙
吐珠"。

【应用】观花型常绿藤状灌木。

红花龙吐珠

【学名】Clerodendrum splendens
G.Don

【分布】西非。

【识别】与龙吐珠相似，但花萼为
紫红色。

【栽培】阳性。扦插、播种繁殖。

【特色】红色花冠从紫红色花萼中
伸出，状如吐珠，故称为"红花龙
吐珠"。

【应用】观花型常绿藤状灌木。

赪桐

【学名】Clerodendrum japonicum（Thunb.）Sweet

【分布】中国西南、华南、华东，以及南亚、东南亚和日本。

【识别】叶片卵形，基部心形，背面密具锈黄色盾形腺体；二歧聚伞花序组成顶生，大而开展的圆锥花序，花萼红色，深5裂，花冠红色，稀白色；果实椭圆状球形，蓝黑色，常分裂成2~4个分核，宿萼增大，初包被果实，后向外反折呈星状。

【栽培】喜半荫。扦插、播种繁殖。

【特色】大而开展的红色顶生圆锥花序。

【应用】观花型常绿灌木。

山牡荆

【学名】Vitex quinata（Lour.）Will.

【分布】华南、湖南、华东，以及日本、东南亚、印度。

【识别】牡荆属与同科其他属的主要区别是，掌状复叶对生（此特征仅见于紫葳科的风铃木属、彩铃木属等少数类群）。山牡荆与同属其他植物的主要区别是，乔木，小叶倒卵形至倒卵状椭圆形，无毛，花序密生细柔毛，小苞片早落，果无毛。

【栽培】阳性。播种繁殖。

【特色】枝叶繁茂，掌状复叶对生。

【应用】林荫树。可丛植、列植。

蔓马缨丹（紫花马缨丹）

【学名】**Lantana montevidensis**（Spreng.）Briq.

【分布】热带南美洲。

【识别】马缨丹属与同科其他属的主要区别是，花排列成密集的近头状的无限花序，子房2室，中轴胎座。蔓马缨丹与同属其他种类的主要区别是，藤状灌木，花紫色。本种与马缨丹**L. camara** L.相似，但后者的花从黄色转红色，故后者也称为"五色梅"，因其属于入侵植物，故未作景观植物予以介绍。

【栽培】阳性。扦插繁殖。

【特色】花密集，紫色。特别适合作为斜坡、挡土墙的绿化。

【应用】观花型常绿藤状灌木。可单植、丛植、列植。早期多作为药用植物。

金叶假连翘

【学名】**Duranta erecta** L. 'Golden Leave'（异名：D. *repens* L. 'Golden Leaves'）

【分布】栽培品种。

【识别】金叶假连翘（见右上图和右下图）和金边假连翘 'Marginata'（见右大图）都是假连翘的品种，前者叶全为黄色；后者叶缘具明显的锯齿，叶缘乃至整个叶片为黄色。

【栽培】阳性，若光照不足，则叶转为绿色。扦插繁殖。

【特色】树冠黄色。

【应用】观叶型、观花型、观果型常绿灌木。金叶假连翘为南方自20世纪90年代后期开始流行的绿篱植物；金边假连翘为南方自21世纪10年代开始流行的绿篱植物。

五彩苏

【学名】**Coleus scutellarioides**（L.）Benth.［异名：*Plectranthus scutellarioides*（L.）R.Br.］

【分布】印度至东南亚。

【识别】茎四棱形，叶对生，叶缘具齿，叶具鲜艳的色彩，故称"五彩苏"。

【栽培】阳性。播种繁殖。

【特色】叶具鲜艳的色彩。

【应用】观叶型多年生草本植物。特别适合图案式花坛。

假龙头

【学名】**Physostegia virginiana**（L.）Benth.

【分布】北美洲。

【识别】茎四棱形，叶对生，叶缘具齿，花序顶生。由双花组成的小聚伞花序密集排列呈穗状，花冠白色、粉红色或紫红色。

【栽培】阳性。播种或分株繁殖。

【特色】花序顶生，花密集、鲜艳，花期长久。

【应用】观花型多年生草本植物。特别适合配置于花坛。

紫叶番薯

【学名】**Ipomoea batatas**（L.）Lam. 'Black Heart'

【分布】栽培品种。

【识别】紫叶番薯和金叶番薯都是番薯的品种，但前者叶片为深紫红色（见左上图），后者叶片为金黄或黄绿色（见左下图）。

【栽培】阳性。扦插繁殖。

【特色】叶深紫红色。

【应用】观叶型多年生草本植物。可作彩叶地被植物。

厚藤（马鞍藤）

【学名】**Ipomoea pes-caprae**（L.）R. Br.

【分布】中国华南、华东海滩，以及热带沿海地区。

【识别】叶片较大，3.5~9cm×3~10cm，顶端微凹或2裂；花冠（深）紫（红）色，长4~5cm。

【栽培】阳性。耐盐碱、耐旱、抗风。播种、扦插繁殖。

【特色】叶肉质，故称为"厚藤"；叶折弯，似马鞍，故也称"马鞍藤"；花期长久。

【应用】观叶型、观花型多年生草本植物。海滩固沙，覆盖植物。

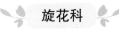

旋花科

变色牵牛

【学名】**Ipomoea indica**（Burm.）Merr.［异名：*Pharbitis indica*（Burm.）R. C. Fang］

【分布】热带美洲。

【识别】茎、叶和萼片被柔毛；花冠亮蓝色或蓝紫色，后变为（紫）红色。

【栽培】阳性。播种繁殖。

【特色】花冠从亮蓝色或蓝紫色变为（紫）红色。

【应用】观花型一年生缠绕草本植物。

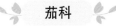

茄科

黄花夜香树

【学名】**Cestrum aurantiacum** Lindl.

【分布】南美洲。

【识别】夜香树属与同科其他属的主要区别是，木本，聚伞花序，花冠筒狭长。黄花夜香树与同属其他植物的主要区别是，花金黄色。

【栽培】阳性。扦插繁殖。

【特色】花密集，金黄色。

【应用】观花型常绿灌木。

鸳鸯茉莉

【学名】**Brunfelsia latifolia**（Pohl）Benth.

【分布】巴西东北至东南部。

【识别】花呈现出双色（初开为蓝紫色，后转为白色，边缘开始干枯），故称"鸳鸯茉莉"。

【栽培】阳性。扦插、压条繁殖。

【特色】花呈现出双色。

【应用】观花型常绿灌木。可修剪成球形，或作为花篱。

悬星花

【学名】**Solanum seaforthianum** Andrews（异名：*S. venustum* Kunth）

【分布】热带美洲。

【识别】花冠星形，蓝紫色。

【栽培】阳性。扦插、播种繁殖。

【特色】花悬垂，花冠星形，故称为"悬星花"，蓝紫色。

【应用】观花型常绿藤本。可沿栅栏攀爬。

黄花木本曼陀罗

【学名】**Brugmansia aurea** Lagerh. 'Goldens Kornett'

【分布】粉花木本曼陀罗的栽培品种。

【识别】灌木，花悬垂，钟形，黄色。

【栽培】阳性。扦插繁殖。

【特色】花悬垂，长漏斗形，黄色。

【应用】观花型常绿灌木。

冬青科

枸骨

【学名】**Ilex cornuta** Lindl. et Paxt.

【分布】中国华东及湖南、湖北。

【识别】冬青科仅1属。冬青属因该属植物冬青**Ilex chinensis** Sims四季常青而得名。本种与枸骨叶冬青**I. aquifolium** L.均具刺状裂片，但前者为灌木或小乔木，高1~3m；后者可高达25m，产西亚、北非、南欧、西欧（苏格兰北部除外），是英国当地少有的常绿植物，是英国等西方国家的圣诞树。

【栽培】稍耐荫。扦插繁殖。

【特色】老树枝干苍劲古朴；叶两型。

【应用】观姿型、观叶型、观果型常绿灌木/小乔木。特别适合配置于花坛。

龟甲冬青

【学名】**Ilex crenata** Thunb. f. **convexa**（Makino）Rehder

【分布】中国长江下游地区。

【识别】本种是齿叶冬青的变型，与后者的主要区别是，叶片向上凸起，似龟甲，故称"龟甲冬青"。

【栽培】稍耐荫。扦插繁殖。

【特色】老树枝干苍劲古朴；枝叶密集，老叶墨绿色，革质，具光泽。

【应用】观姿型、观叶型常绿灌木。特别适合配置于花坛，或修剪成盆景。

芙蓉菊

【学名】**Crossostephium chinense**（L.）Makino

【分布】中国中南及东南部。

【识别】芙蓉菊属仅1种，叶聚生枝顶，狭匙形或狭倒披针形，全缘或有时3~5裂，银灰色。

【栽培】稍耐荫。耐旱。播种、扦插繁殖。

【特色】叶聚生枝顶，色叶植物（银灰色）。

【应用】观姿型、观叶型亚灌木。优良的色叶地被植物，特别适合配置于花坛。

银叶菊

【学名】**Jacobaea maritima**（L.）Pelser et Meijden（异名：*Senecio cineraria* DC.）

【分布】地中海沿岸。

【识别】银叶菊的叶色与芙蓉菊相近，但前者的叶羽状分裂，白色。

【栽培】阳性。忌酷暑。播种、扦插繁殖。

【特色】叶羽状分裂，色叶植物（白色）。

【应用】观叶型多年生草本植物。优良的色叶地被植物，特别适合配置于花坛。

菊科

菊花

【学名】**Chrysanthemum × morifolium**（Ramat.）Hemsl.［异名：*Dendranthema morifolium*（Ramat.）Tzvel.］

【分布】中国。

【识别】广义的菊花是指具有观赏价值的菊科植物，即观赏菊，以观花为主，少数以观叶为主（如前文所述的芙蓉菊和银叶菊）；狭义的菊花是指菊属的菊花 **Chrysanthemum × morifolium**，分为30个类型，品种数超过一千（上图中菊花的品种有10个），是所有花卉中品种最多的一个种。

【栽培】阳性，短日照植物。播种、扦插、嫁接繁殖。

【特色】花型、颜色各异。

【应用】观花型多年生草本植物。特别适合配置于节日花坛，也可作为盆栽观赏。

菊科

非洲菊

【学名】**Gerbera jamesonii** Bolus

【分布】非洲。

【识别】大丁草属与菊科其他属的主要区别是，叶基生，呈莲座状，常具各种类型的齿缺或羽状分裂，花葶挺直，头状花序单生于花葶之顶，放射状或盘状，花异型，外围雌花1~2层，舌状或管状二唇形，中央两性花多数，管状二唇形。非洲菊与同属其他植物的主要区别是，头状花序直径6~10cm，雌花2层，雌花长2.8~4cm，舌片长为花冠管的8倍，果无喙（图中有3个非洲菊品种）。

【栽培】阳性。忌酷暑。组织培养、播种繁殖。

【特色】花大、颜色各异。

【应用】观花型多年生草本植物。特别适合配置于花坛，常作切花。

海桐花科

海桐

【学名】**Pittosporum tobira**（Thunb.）Ait.

【分布】中国长江以南地区，以及日本和朝鲜半岛。

【识别】海桐花属与同科其他属的主要区别是，叶互生，常簇生于枝顶呈假轮生、对生状，侧膜胎座或基生胎座，蒴果椭圆形或圆球形。海桐与同属其他种类的主要区别是，倒卵形或倒卵状披针形，花序被毛，胎座3，蒴果具毛，球形，直径1.2cm，开裂为3片，果片木质，厚1.5 mm，种子长4mm。

【栽培】稍耐荫。抗性强。播种、扦插繁殖。

【特色】叶常簇生于枝顶，深绿色，具光泽；种子红色。

【应用】观姿型、观叶型、观果型常绿灌木/小乔木。可单植、列植、丛植，特别适合修剪成半球形绿篱。

五加科

辐叶鹅掌柴

【学名】**Schefflera actinophylla**（Endl.）Harms

【分布】新几内亚岛至澳大利亚东部。

【识别】鹅掌柴属与同科其他属的主要区别是，无刺，叶互生，常为掌状复叶，花梗无关节。辐叶鹅掌柴与同属其他种类的主要区别是，花序顶生，螺旋状分枝，每一分枝由多组头状花序组成，花红色。

【栽培】阳性。扦插繁殖。

【特色】花序顶生，螺旋状分枝，花红色。

【应用】观花型常绿灌木。特别适合与山石相配。

斑叶鹅掌藤

【学名】**Schefflera arboricola**（Hay.）Merr. 'Variegata'

【分布】鹅掌藤的栽培品种。

【识别】斑叶鹅掌藤与翡翠鹅掌藤（1999年定植）、粉叶鹅掌藤相似，但前者的叶为深绿色，具黄色斑纹；翡翠鹅掌藤的叶为绿色，具乳黄色斑纹，色泽较亮；粉叶鹅掌藤的叶为粉绿色，具白色斑纹。

【栽培】耐半荫。扦插繁殖。

【特色】叶具黄色斑纹。

【应用】观叶型常绿灌木。优良的斑叶地被植物，适合阳性、半荫环境种植。

翡翠鹅掌藤

粉叶鹅掌藤

孔雀木

【学名】**Plerandra elegantissima**（H. J. Veitch ex Mast.）Lowry，G. M. Plunkett et Frodin［异名：*Dizygotheca elegantissima*（H. J. Veitch ex Mast.）R.Vig. et Guillaumin，*Schefflera elegantissima*（H. J. Veitch ex Mast.）Lowry et Frodin］

【分布】新喀里多尼亚。

【识别】掌状复叶，小叶辐射状排列，具齿。

【栽培】耐半荫。扦插繁殖。

【特色】小叶具齿，似孔雀翎，辐射状排列，似孔雀开屏，本种为灌木，故称为"孔雀木"。

【应用】观叶型常绿灌木。可构筑剪影景观。特别适合与山石相配，或点缀于拐角处，也可盆栽。

五爪木

【学名】**Osmoxylon lineare**（Merr.）Philipson

【分布】菲律宾。

【识别】五爪木看似棕榈科贝叶棕亚科的植物，但前者的裂片没有内向或外向折叠，后者的裂片为内向或外向折叠。五爪木很容易和五加科其他植物相区别，叶掌状深裂几至基部，裂片线性。

【栽培】稍耐荫。播种繁殖。

【特色】叶掌状深裂，裂片线性；花序顶生。

【应用】观姿型、观叶型、观花型常绿灌木。特别适合配置于中小型花坛。

八角金盘

【学名】**Fatsia japonica**（Thunb.）Decne. et Planch.

【分布】日本。

【识别】八角金盘属仅2种，与同科其他属的主要区别是，无刺小乔木或灌木，叶掌状分裂，叶柄基部无縢毛，无托叶，子房5或10室。八角金盘与多室八角金盘**F. polycarpa** Hay.的主要区别是，前者掌状7~9深裂，子房5室；后者掌状5~7深裂，子房10室。

【栽培】稍耐荫。播种、扦插、分株繁殖。

【特色】叶掌状7~9深裂。

【应用】观叶型常绿灌木。优良的地被植物，适合阳性、半荫环境种植，也可作为花坛的衬材。

通脱木

【学名】**Tetrapanax papyrifer**（Hook.）K. Koch

【分布】中国陕西向南至云南，经贵州、湖南、湖北、江西至福建和台湾。

【识别】通脱木属仅1种，和八角金盘属最为相似，但前者的裂片再2~3浅裂，托叶与叶柄合生，锥状，子房2室；后者的裂片不再分裂，无托叶，子房5或10室。

【栽培】稍耐荫。播种、分株繁殖。

【特色】叶掌状7~12分裂，花序大。

【应用】观叶型、观花型常绿灌木/小乔木。作为地被植物，适合阳性、半荫环境种植，较八角金盘耐寒。

刺通草

【学名】**Trevesia palmata**（Roxb. ex lindl.）Vis.

【分布】中国云南、贵州、广西，以及南亚、东南亚。

【识别】刺通草属与同科其他属的主要区别是，木本，具刺，异型叶，除掌状深裂外，还有阔翅将假小叶柄连成整片的类似掌状复叶，其裂片常有一至几个小裂片。刺通草与同属其他种类的主要区别是，常绿小乔木，叶直径达60~90cm，革质，掌状5~9深裂，裂片边缘有大锯齿，幼树的叶掌状近全裂，基部有叶状阔翅将全部或部分小叶状的裂片连成整片，裂片常再分裂为一至几个或深或浅的小裂片；圆锥花序大，长约50cm，花瓣、雄蕊、子房均6~10，花柱合生成柱状，有6~10条棱。

【栽培】稍耐荫。播种、扦插繁殖。

【特色】成龄株的叶掌状深裂，似棕榈科，但裂片无折叠，幼树的裂片再分裂，似番木瓜，但基部具独特的阔翅。

【应用】观叶型、观花型常绿小乔木。原多作药用植物。

幌伞枫

【学名】Heteropanax fragrans
（Roxb.）Seem.

【分布】中国云南、广西、广东、海南，以及南亚和东南亚。

【识别】幌伞枫属与同科其他属的主要区别是，无刺乔木或灌木，二至五回羽状复叶。幌伞枫与同属其他植物的主要区别是，三至五回羽状复叶，叶片较大，5.5~13cm×3.5~6cm。

【栽培】稍耐荫。播种、扦插繁殖。

【特色】树干通直，三至五回羽状复叶，花序顶生。

【应用】观姿型、观叶型、观花型常绿乔木。可单植、丛植，特别适合配置于草坪，也作室内盆栽植物。

小花忍冬

【学名】Lonicera tatarica L. var.
micrantha Trautv.

【分布】中国新疆，以及俄罗斯。

【识别】小花忍冬是新疆忍冬的变种，全株多少呈粉绿色，叶片两面具白毛，花冠黄白色。

【栽培】阳性。耐寒。播种、扦插繁殖。

【特色】果实鲜红色。

【应用】观果型落叶灌木。特别适合高寒地区（新疆、黑龙江）种植。

金花忍冬

【学名】**Lonicera chrysantha** Turcz. ex Ledeb.
【分布】中国黑龙江至四川，以及俄罗斯、朝鲜半岛。
【识别】本种与金银忍冬**L. maackii**（Rupr.）Maxim.相似，花由白转黄，但前者小苞片分离，后者小苞片多少连合成对，长为萼筒的1/2至几相等。
【栽培】阳性。耐寒。播种、扦插繁殖。
【特色】果多，鲜红色。
【应用】观果型落叶灌木。种植范围广。

葱皮忍冬

【学名】**Lonicera ferdinandi** Franch.
【分布】中国辽宁至河南，以及甘肃、宁夏、青海。
【识别】小苞片合生成坛状壳斗，完全包被双花的相邻两萼筒（似葱皮包被葱头，故称为"葱皮忍冬"），幼时外面密被长短不一的直糙毛，果熟时才开裂。
【栽培】阳性。耐寒。播种、扦插繁殖。
【特色】果实明显成对，鲜红色。
【应用】观果型落叶灌木。特别适合点缀于庭院，寓意成双成对。

红白忍冬

【学名】**Lonicera japonica** Thunb. var. **chinensis**（Wats.）Bak.
【分布】中国安徽。
【识别】忍冬属与同科其他属的主要区别是，花常成对而生，子房3~2（~5）室。红白忍冬与同属其他种类的主要区别是，具大型叶状苞片，花冠外侧紫红色。
【栽培】稍耐荫。播种、扦插繁殖。
【特色】花常成对而生，花冠外侧紫红色，内侧由白转黄。
【应用】观花型半常绿藤本。因缠绕性强，可制成"花柱"、"花架"。

双色金钱蒲

【学名】**Acorus gramineus** Solander ex Aiton 'Variegatus'

【分布】金钱蒲的栽培品种。

【识别】叶对折式互生，革质，线形，20~30cm×0.6cm，叶缘具淡绿色至乳白色纵纹。

【栽培】阳性。分株繁殖。

【特色】叶呈鲜明的双色。

【应用】观姿型、观叶型多年生草本植物特别适合配置于景墙、山石或水体边，也可盆栽。

龟背竹

【学名】**Monstera deliciosa** Liebm.

【分布】墨西哥。

【识别】叶卵状心形，羽状深裂，侧脉间具1至数个横向的椭圆形空洞。本种与斑叶龟背竹'Variegata'相似，但后者具不规则的白色斑。

【栽培】喜半荫。扦插繁殖。

【特色】叶似龟背，茎具明显的节似竹子；佛焰苞白色；果序柱状。

【应用】观叶型、观花型、观果型常绿攀援灌木。特别适合与山石或水体相配。

斑叶龟背竹

春羽

【学名】**Thaumatophyllum bipinnatifidum**（Schott ex Endl.）Sakur.， Calazans et Mayo（异名：*Philodendron bipinnatifidum* Schott ex Endl.， *P. selloum* K.Koch）

【分布】南美洲北部。

【识别】叶羽状深裂，羽片边缘波状至羽状分裂。春羽与麒麟叶**Epipremnum pinnatum**（L.）Engl.较相似，但后者叶长圆形，两侧不等的羽状深裂，裂片线形。

麒麟叶

【栽培】喜半荫。扦插繁殖。

【特色】羽状深裂，羽片边缘波状至羽状分裂。

【应用】观姿型、观叶型多年生草本植物。特别适合与山石或水体相配，也可作大型盆栽。

花烛（红掌）

【学名】**Anthurium andraeanum** Linden ex André

【分布】哥伦比亚、厄瓜多尔。

【识别】与火鹤花**A. scherzerianum** Schott相似，但前者肉穗花序黄色，斜伸、不扭曲；后者为红色，旋转、扭曲。

【栽培】喜半荫。分株繁殖。

火鹤花

【特色】黄色肉穗花序从蜡质佛焰苞伸出，似点燃的蜡烛心；苞片平伸，似伸出的手掌。

【应用】观花型多年生草本植物。可在林缘或散射光下作观花地被植物，也可盆栽、水培或插花。

【备注】花烛品种的佛焰苞从各种红色到绿色、白色和杂色，肉穗花序从黄色到红色、绿色、白色。

箭根薯（老虎须）

裂果薯

【学名】**Tacca chantrieri** André

【分布】中国云南、广西、广东、湖南，以及东南亚。

【识别】蒟蒻薯科仅2属。蒟蒻薯属**Tacca** J. R. Forster et J. G. A. Forster与裂果薯属**Schizocapsa** Hance的主要区别是，前者的叶全缘或分裂，基部不下延，后者的叶全缘，基部下延。箭根薯和裂果薯**S. plantaginea** Hance的叶均全缘，但前者的叶基部不下延，后者的叶基部下延。

【栽培】喜半荫。播种繁殖。

【特色】总苞片暗紫色，小苞片丝状，似老虎须，故也称为"老虎须"。

【应用】观花型多年生草本植物。特别适合与山石或水体相配，或作林下观花地被植物。

巴拿马草

【学名】**Carludovica palmata** Ruiz et Pav.

【分布】墨西哥至南美洲北部。

【识别】叶掌状深裂为4组，每组先端再分裂。

【栽培】喜半荫。分株繁殖。

【特色】叶掌状深裂，株型酷似棕榈科植物；果实红色。

【应用】观姿型、观叶型、观花型、观果型多年生草本植物。特别适合与山石、水体相配，或配置于建筑物前、别墅内。

扇叶露兜树

【学名】**Pandanus utilis** Bory

【分布】毛里求斯。

【识别】露兜树科有5属，叶缘和叶背中脉具锐刺，与凤梨科相似，但前者常为木本，雌雄异株；后者为草本，常为两性花，且茎干极度短缩。露兜树属与同科其他属的主要区别是，雌花无退化雄蕊，果木质或核果状。扇叶露兜树与同属其他种类的主要区别是，刺为红色，佛焰苞先端延伸呈剑形。

【栽培】稍耐荫。播种繁殖。

【特色】露兜型树冠（具支持根，茎干分枝，叶聚生于茎顶）；叶螺旋状排列，似打开的折扇。

【应用】唯一的观姿型、观根型、观茎型、观叶型、观花型、观果型树木，特别适合与草坪、山石、水体、建筑相配。

郁金香

【学名】**Tulipa gesneriana** L.

【分布】欧洲。

【识别】郁金香属有150种，中国产13种（其中11种产新疆）。郁金香属与同科其他属的主要区别是，叶2~4（~6），基部的叶从地下的茎干生出；花大，常单朵顶生。郁金香与同属其他种类的主要区别是，无花柱，柱头增大呈鸡冠状。

【栽培】阳性。播种、分球繁殖。

【特色】花大而鲜艳。

【应用】观花型球根植物。特别适合于观花型花坛，是最优良的地被球根花卉。

三褶虾脊兰

【学名】Calanthe triplicata（Willem.）Ames

【分布】中国云南、福建、台湾以及华南，马达加斯加、印度、澳大利亚、日本以及东南亚。

【识别】唇瓣基部与整个蕊柱翅合生，比萼片长，向外伸展，基部具3~4列金黄色或橙红色小瘤状附属物，唇瓣3深裂为2枚侧裂片和1枚中裂片，中裂片再深2裂为小裂片，小裂片与侧裂片近等大。

【栽培】喜半荫。播种或组织培养。

【特色】本种是兰科花形最为可爱的种类（与整个蕊柱翅合生的唇瓣似正在做体操的小孩）。

【应用】观花型多年生草本植物。特别适合与山石相配置。

【备注】兰科为四大科之一，种类超万种，栽培品种数则为所有植物类群之冠。限于篇幅，本章只介绍花形最为可爱的一种——三褶虾脊兰。

白花马蔺

【学名】Iris lactea Pall.［异名：*I. lactea* Pall. var. *chinensis*（Fisch.）Koidz.］

【分布】中国四川、西藏、江苏以及华中、西北、东北、华北，俄罗斯、哈萨克斯坦、蒙古、阿富汗以及南亚。

【识别】鸢尾科的叶均套叠式互生。鸢尾属与同科其他属的主要区别是，外轮花被片上部常反折下垂，内轮花被片直立或外倾，花柱上部分枝为3个艳丽的花瓣状、顶端2裂的扁平部分，柱头生于裂片的基部。白花马蔺与同属其他种类的主要区别是，植株形成密集的丛，根非肉质，花序非二歧分枝，外花被片的中脉无附属物。

【栽培】阳性。耐盐碱。分株繁殖。

【特色】雌蕊的花柱呈蓝紫色。

【应用】观花型多年生草本植物。特别适合配置于花坛或作地被花卉，用于盐碱土改良和水土保持。

银边山菅（银边山菅兰）

【学名】**Dianella ensifolia**（L.）Redouté 'Silvery Sripe' ［异名：*D. ensata*（Thunb.）R. J. F. Hend. 'Silvery Sripe'］

【分布】山菅的栽培品种。

【识别】与山菅相似，但叶缘白色。

【栽培】耐半荫。耐旱，喜湿。播种、分株繁殖。

【特色】叶具白边，花序伸出叶片，花被片青紫色，雄蕊黄色，近于互补色。

【应用】观叶型、观花型多年生草本植物。植株耐旱、喜湿，花序弯曲，特别适合配置于景墙，也可与山石相配，也特别适合作彩叶地被植物，也可盆栽。

草树

【学名】**Xanthorrhoea australis** R.Br.

【分布】澳大利亚东南部。

【识别】叶片线形，直接从树干顶端伸出。

【栽培】阳性。耐旱、贫瘠，耐火烧。播种、分株繁殖。

【特色】茎干似苏铁的，但叶为线形；叶片似禾草，但又有树干；花序似香蒲科，但又从树干顶端伸出；耐火烧——凤凰涅槃。

【应用】观姿型、观茎型、观花型灌木状。特别适合点缀或与山石相配。植株耐火烧，可作隔离带。

石蒜科

文殊兰

银斑文殊兰

【学名】**Crinum asiaticum** L. var. **sinicum**（Roxb. ex Herb.）Baker

【分布】中国福建、台湾、广东、广西。

【识别】本种与红花文殊兰C.×amabile Donn ex Ker Gawl.相似，但花被片为白色，后者的中央为红色，边缘为白色；本种与银斑文殊兰C. asiaticum L. var. japonicum Baker 'White Streaked' 相似，但后者的叶具数量不一、宽窄不一的白色纵斑。

【栽培】阳性。分株、播种繁殖。

【特色】花白色，花丝从下到上由白色渐变为红色。

【应用】观花型多年生草本植物。特别适合与山石相配置，或点缀于拐角处，也可盆栽。

石蒜科

水鬼蕉（蜘蛛兰）

银边水鬼蕉

【学名】**Hymenocallis littoralis**（Jacq.）Salisb.［异名：*H. americana*（Mill.）M.Roem.］

【分布】热带美洲。

【识别】水鬼蕉属与同科其他属的主要区别是，鳞茎球形，副花冠不存在，花丝基部合生成一杯状体（雄蕊杯），每室胚珠2枚。水鬼蕉与银边水鬼蕉的主要区别是，前者的叶绿色，后者的叶缘为乳白色。

【栽培】阳性。分株繁殖。

【特色】花被管上扩大呈喇叭状，花被裂片线形，似蜘蛛，故也称"蜘蛛兰"。

【应用】观花型多年生草本植物。特别适合与山石相配置，或点缀于拐角处，也可盆栽。

银纹沿阶草

【学名】**Ophiopogon intermedius** D. Don 'Argenteo-marginatus'

【分布】间型沿阶草的栽培品种。

【识别】与间型沿阶草相似，但叶具白色纵纹。

【栽培】耐半荫。分株繁殖。

【特色】叶直伸，禾草状，具白色纵纹。

【应用】观叶型、观花型多年生草本植物。特别适合配置于景墙或与山石相配，也可盆栽。

银心吊兰

【学名】**Chlorophytum comosum**（Thunb.）Jacques 'Vittatum'

【分布】吊兰的栽培品种。

【识别】本种与银边吊兰 'Variegatum' 相似，但前者叶的中央具白色纵纹，后者叶缘具白色纵纹。

【栽培】喜半荫。分株繁殖。

【特色】叶的中央具白色纵纹，故称为"银心吊兰"。

【应用】观叶型、观花型多年生草本植物。特别适合作为悬吊植物，或与山石或水体相配。

银边吊兰

223

斑叶蜘蛛抱蛋

斑点蜘蛛抱蛋

【学名】**Aspidistra elatior** Blume 'Variegata'

【分布】蜘蛛抱蛋的栽培品种。

【识别】本种与斑点蜘蛛抱蛋 'Punctata' 相似，但前者叶具白色、淡绿色的纵纹，后者叶具白色斑点。

【栽培】喜半荫。分株。

【特色】叶具白色纵纹。

【应用】观叶型多年生草本植物。特别适合与山石相配，或作观叶地被植物。

玉簪

【学名】**Hosta plantaginea**（Lam.）Asch.

【分布】中国四川、湖南、湖北、广东以及华东地区。

【识别】卵状心形，侧脉6~10对，花白色。

【栽培】喜半荫。分株繁殖。

【特色】花葶远高于叶片。

【应用】观叶型、观花型多年生草本植物。特别适合配置于花坛或作地被花卉。玉簪的品种很多，包括金边玉簪、银边玉簪。

金边玉簪

银边玉簪

 天门冬科

乳斑伪龙舌兰

【学名】**Furcraea foetida**（L.）Haw. 'Striata'（异名：*F. gigantea* Vent. 'Striata'）

【分布】巨花伪龙舌兰（顶生花序高可达12m，异名的种加词"gigantea"意指巨大花序）的栽培品种。

【识别】叶具乳黄色和淡绿色纵斑，叶缘略呈波状，具疏刺。本种与金心伪龙舌兰 **F. foetida**（L.）'medio-picta' 相似，但前者仅叶缘为绿色，后者的叶片仅中央为黄色，两侧为绿色。

【栽培】阳性。花后分芽繁殖。

【特色】斑叶；一次性开花结果。

【应用】观姿型、观叶型、观花型草本植物。可表现生命周期的更替。特别适合与山石相配或置于花坛。

 天门冬科

金边伪龙舌兰

【学名】**Furcraea selloa** K. Koch 'Marginata'

【分布】伪龙舌兰的栽培品种。

【识别】本种与金边龙舌兰相似，但前者能形成明显的茎干，叶直伸，叶的中央为绿色；后者无明显的茎干，叶弯曲、反折，叶的中央为蓝绿色。

【栽培】阳性。分株、分芽（花后用下图中的珠芽）繁殖。

【特色】斑叶；叶直伸，呈刚劲挺拔之势；巨大的顶生花序，一次性开花结果。

【应用】观姿型、观叶型、观花型草本植物。可表现生命周期的更替。特别适合配置于花坛、坡地或高处，或与山石相配。

金边龙舌兰

【学名】**Agave americana** L. 'marginata'

【分布】龙舌兰的栽培品种。

【识别】与金边伪龙舌兰相似，但无明显的茎干，叶弯曲、反折，叶的中央为蓝绿色。

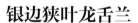
龙舌兰

【栽培】阳性。分芽繁殖。

【特色】斑叶；叶弯曲、反折，刚中带柔；巨大的顶生花序，一次性开花结果。

【应用】观姿型、观叶型、观花型草本植物。可表现生命周期的更替。特别适合与山石相配或置于花坛。

银边狭叶龙舌兰

【学名】**Agave angustifolia** Haw. 'Marginata'

【分布】狭叶龙舌兰的栽培品种。

【识别】与金边伪龙舌兰相似，但叶更多而密集，叶缘白色，叶的中央灰绿色。

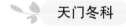

【栽培】阳性。播种、分芽繁殖。

【特色】斑叶；叶直伸，呈刚劲挺拔之势；巨大的顶生花序，一次性开花结果。

【应用】观姿型、观叶型、观花型草本植物。可表现生命周期的更替。特别适合配置于花坛。

金边虎尾兰

【学名】**Dracaena trifasciata**（Prain）Mabb. 'Laurentii'（异名：*Sansevieria trifasciata* Prain 'Laurentii'）

【分布】栽培品种。

【识别】金边虎尾兰、短叶虎尾兰'Hahnii'、金边短叶虎尾兰'Golden Hahnii'均为虎尾兰的品种，金边虎尾兰叶缘具金黄色纵斑；短叶虎尾兰叶短而宽，且略呈莲座状排列；金边短叶虎尾兰叶短而宽且叶缘具金黄色纵斑。

【栽培】阳性。分株、扦插（叶插）繁殖，但扦插时金黄色的斑纹容易消褪。

【特色】叶缘金黄色。

【应用】观叶型多年生草本植物。特别适合配置于狭小空间或与山石相配。

短叶虎尾兰

金边短叶虎尾兰

金边曲叶龙血树

【学名】**Dracaena reflexa** Lam. 'Variegata'

【分布】曲叶龙血树的栽培品种。

【识别】与曲叶龙血树相似，但叶缘金黄色至乳黄色。

【栽培】阳性。扦插繁殖。

【特色】叶弯曲、反折而使叶呈辐射状，故植株更为亮丽。

【应用】观叶型常绿灌木。特别适合与山石、水体相配。

霸王棕

【**学名**】**Bismarckia nobilis** Hildebr. et H. Wendl.

【**分布**】马达加斯加。

【**识别**】棕榈科的叶型分为掌状叶类型、羽状叶类型，羽片或裂片分为内向折叠（均为贝叶棕亚科）和外向折叠。霸王棕属仅1种，单干型，叶掌状分裂、坚韧，叶具白色蜡质而呈灰蓝色，戟突明显歪斜。

【**栽培**】阳性。较耐寒（叶属于冷色系的棕榈植物，较耐寒至非常耐寒）。播种繁殖。

【**特色**】棕榈植物自然整形，是构筑影景景观和剪影景观的首选素材。其中，掌状叶棕榈植物常具雄浑劲健之美。霸王棕的叶大型、坚韧，显得霸气十足，是掌状叶棕榈植物中最优美的种类。

【**应用**】观姿型、观叶型常绿乔木状。特别适合单株孤植（即单植）或列植，以绿色叶植物作背景为佳，

大叶蒲葵

【**学名**】**Livistona saribus**（Lour.）Merr. ex A.Chev.

【**分布**】越南。

【**识别**】蒲葵属37种中仅本种（乔木状）和多肋蒲葵**L. exigua** J. Dransf.（灌木状）的叶身成组分裂。

【**栽培**】阳性。播种繁殖。

【**特色**】叶身非均等分裂，裂片下垂。

【**应用**】观姿型常绿乔木状。可列植、丛植，特别适合配置于草坪。

【**备注**】《中国植物志》将**L. speciosa** Kurz误定为本种（刘海桑，2010；2013）。

美丽蒲葵

【学名】**Livistona speciosa** Kurz

【分布】中国云南东至福建、台湾，以及东南亚。

【识别】单干型，叶均等分裂、坚韧，果蓝色。

【栽培】阳性。播种繁殖。

【特色】叶坚韧直伸。

【应用】观姿型常绿乔木状。可单植、列植、丛植，可配置于草坪或建筑物之前。

【备注】《Flora of China》将本种误定为肾果蒲葵**L. jenkinsiana** Griff.（Liu，2011；刘海桑，2013）。

圆叶蒲葵

【学名】**Livistona rotundifolia** （Lam.）Mart.

【分布】东南亚。

【识别】单干型，叶掌状浅裂、坚韧，果穗长1.5m，果红色。

【栽培】阳性。播种繁殖。

【特色】茎干纤细，树高与胸径之比可达100倍以上；果穗红色，为同属中果实最鲜艳。

【应用】观姿型、观果型常绿乔木状。具构筑园林地貌之功能。可孤植（单株孤植或数株合植）、双植、列植、对植、丛植。特别适合配置于草坪、别墅，也可盆栽。

棕榈（山棕）

【学名】**Trachycarpus fortunei** （Hook.）H. Wendl.

【分布】中国秦岭和长江以南地区，以及南亚、越南。

【识别】单干型，叶掌状深裂、坚韧，裂片始终不下垂，绿色。

【栽培】阳性。是棕榈科中抗寒性最强的种类。播种繁殖。

【特色】茎干纤细，掌状叶坚韧。

【应用】观姿型、观叶型常绿乔木状。可列植、丛植，特别适合配置于庭院或与山石相配置。

裙棕（大丝葵）

【学名】**Washingtonia robusta** H. Wendl.

【分布】墨西哥的西北部。

【识别】裙棕属共2种。裙棕属的叶面戟突伸长为薄膜质，幼株叶裂片间具大量白色卷曲的丝状纤维。裙棕与壮裙棕**W. filifera**（Linden）H. Wendl.相似，但前者基部膨大，横向叶痕明显，纵向裂纹不明显，枯叶呈褐色；后者基部不膨大，横向叶痕不明显，但纵向裂纹明显，枯叶呈淡黄绿色（见图60）。

【栽培】阳性。耐旱、贫瘠。较耐寒。通常，生长迅速则耐寒性差，但本种却是既耐寒又生长迅速的棕榈科植物。抗风性最强的树木之一。播种繁殖。

【特色】叶裙长达20m，能给人历尽沧桑、万古长青之感；卷曲的丝状纤维能给人一种遐想万缕的感受。

【应用】观姿型、观茎型、观叶型常绿乔木状。可表现特殊的人文意境，构筑影景景观（见图12）、附生景观（见图57）。可单植、列植、丛植。特别适合台风频发地区。

棕榈科

加那利枣椰（加那利海枣，长叶刺葵）

【学名】**Phoenix canariensis** H. Wildpret

【分布】加那利群岛。

【识别】枣椰属是棕榈科181个属中唯一羽片内向折叠且先端尖的类群。枣椰属茎干宿存的叶基或叶痕因种而异，其中，加那利枣椰的呈排列紧密的扁菱形。本种为单干型，果黄色。

【栽培】阳性。生长慢。较耐寒。施工、养护和栽培中应防治红棕象甲。播种繁殖（枣椰属为雌雄异株）。

【特色】树冠球形，树干通直，羽片整齐排成2列，是羽状叶棕榈植物中最优美的种类。

【应用】观姿型、观茎型、观叶型、观果型常绿乔木状；可表现漫长的岁月变化以及特殊的人文意境。可构筑影景景观和剪影景观。可单植、列植。特别适合大型商业广场、高档写字楼和住宅区等的造景。

 棕榈科

橙枣椰（银海枣，林刺葵）

【学名】**Phoenix sylvestris**（L.）Roxb.

【分布】印度。有人将本种称为中东海枣，显然，印度并非中东。

【识别】单干型，叶基梯形，时常具橙色，故称为"橙枣椰"，叶灰绿色，羽片排成多个平面。

【栽培】阳性。较耐寒棕榈。生长较加那利枣椰快。播种繁殖。

【特色】梯形叶基整齐排列，树干如同披覆铠甲，果橙色。

【应用】观姿型、观茎型、观叶型、观果型常绿乔木状。可单植、列植。

非洲枣椰

【学名】Phoenix reclinata Jacq.

【分布】热带非洲。

【识别】丛生型，叶绿色，不规则地排成多个平面，羽片背面沿中脉具1列白色鳞秕。

【栽培】阳性。播种或分株繁殖。

【特色】大型丛生型棕榈植物（高达15m，茎干数达20）。

【应用】观姿型、观果型常绿乔木状。可单植。特别适合配置于大草坪。

【备注】《中国植物志》将本种误定为 **Phoenix sylvestris**（Liu et al，2010）。

糖椰

【学名】**Arenga pinnata**（Wurmb）Merr.（异名：A. saccharifera Labill.）

【分布】印度至东南亚。

【识别】桄榔属是4个羽片内向折叠的属之一，《Flora of China》将 **Arenga**、**Caryota**、**Wallichia**置于"7b. Pinnae reduplicate"检索项，完全错误。《中国植物志》将本种称为"桄榔"，是将国内有分布的真正的桄榔**A. westerhoutii** Griff.误定为本种，糖椰的羽片排成不同平面，桄榔的羽片排成一个平面。

【栽培】阳性。因树叶密集，抗风性不如棕榈科其他属的强。播种繁殖。

【特色】叶长达12m，近直立，颇显霸气；一次性开花结果，大型花果序。茎产西米；花序产糖。

【应用】观姿型、观叶型、观花型、观果型常绿乔木状。表现生命周期。可配置于草坪或休闲农场。

棕榈科

桄榔

【学名】**Arenga westerhoutii** Griff.

【分布】中国云南、广西、海南，以及东南亚。《中国植物志》将本种误定为 **A. pinnata**。

【识别】桄榔和糖椰相似，均为单干型，但前者羽片排列成一个平面，果椭球形。

【栽培】阳性。抗风性不如棕榈科其他属的强。耐寒性略强于糖椰。播种繁殖。

【特色】叶长达8 m，近直立，颇显霸气；一次性开花结果，大型花果序。茎产西米；花序产糖。

【应用】观姿型、观叶型、观花型、观果型常绿乔木状。表现生命周期。可配置于草坪或休闲农场。

 棕榈科

孔雀椰

【学名】**Caryota obtusa** Griff.

【分布】中国云南，印度、缅甸、老挝、泰国、越南。

【识别】鱼尾椰属是棕榈科181属中唯一的二回羽状分裂的属。孔雀椰和斑叶孔雀椰**C. zebrina** Hambali, Maturb., Heatubun et J.Dransf.均为单干型，小羽片基部宽楔形，近于直角，但前者叶柄无斑纹，后者叶柄有横向斑纹。

【栽培】阳性。耐寒棕榈（耐寒等级：较强）。播种繁殖。

【特色】大型羽状叶，长达6m，宽达4m，斜向上伸展，似孔雀开屏；一次性开花结果，大型花果序。

【应用】观姿型、观叶型、观花型、观果型常绿乔木状。特别适合配置于草坪或水体边。

斑叶孔雀椰

假槟榔

【学名】**Archontophoenix alexandrae**（F. Muell.）H. Wendl. et Drude

【分布】澳大利亚东部。

【识别】单干型，具显著叶环痕，羽状叶于基部扭转90°，冠茎粉绿色，羽片排成同一平面，果红色。

【栽培】阳性。播种繁殖。

【特色】叶于基部扭转90°而富于空间层次感。

【应用】观姿型、观茎型、观叶型常绿乔木状。可孤植（单植或双植）、列植、丛植、群植。可配置于草坪或水体边，可构筑附生景观（见图56）、剪影景观（见图64），可作"灯柱"（见图69），尤其适合狭窄隔离带和空间狭窄的老城区。

冻椰

【学名】**Butia capitata**（Mart.）Becc.

【分布】巴西南部。

【识别】单干型，叶基宿存，羽片外向折叠，排成2列，呈"V"字形，叶柄具刺，核果具3个萌发孔。

【栽培】阳性。耐寒性是羽状叶棕榈植物中最强的。播种繁殖（果核含种子1~3，故会长出1~3株苗）。

【特色】中果皮用于制果冻。

【应用】观姿型、观果型常绿灌木状。特别适合配置于草坪、观光果园、休闲农场、别墅。

椰子

【学名】*Cocos nucifera* L.

【分布】西太平洋岛屿。

【识别】单干型，基部明显膨大，至老时常倾斜，叶环痕显著，无冠茎，羽片线形，排成2列。

【栽培】阳性。播种繁殖。

【特色】椰子被认为是世界上最有用的10种树木之一，拥有上千种用途。未成熟的椰果为水果，成熟椰果的白色胚乳可榨油，作椰子干，或作为椰丝添加在各种糕点中，椰子水可作饮料或用于组织培养。

【应用】观姿型、观茎型、观叶型、观果型常绿乔木状。椰子的金果品种的果为黄色（见右下图）。特别适合热带滨海沙滩景区、观光果园和休闲农场，也作为风景树和林荫树配置于隔离带或人行道。

红椰

【学名】*Cyrtostachys renda* Blume

【分布】东南亚。

【识别】茎丛生型，具冠茎，叶一回羽状分裂，羽片线形，排成2列，冠茎、叶鞘、叶柄、叶轴为红色。

【栽培】阳性。纯热带性棕榈植物，即使在边缘热带地区，生长也会受到影响。播种、分株繁殖。

【特色】冠茎、叶鞘、叶柄、叶轴的红色与羽片的绿色形成互补色，是棕榈科中叶最鲜艳的种类。

【应用】观姿型、观茎型、观叶型常绿灌木状。特别适合配置于热带地区的景区与别墅。

环羽椰

【学名】**Dictyosperma album**（Bory）Scheff.

【分布】马斯克林群岛。

【识别】环羽椰属仅1种。单干型，绿色的叶环宿存至羽片完全展开之后，故称为"环羽椰"。

【栽培】阳性。播种繁殖。

【特色】茎干基部显著膨大，羽片排列成一个平面，叶环将羽片先端连接起来，酷似琴键，花序橙色。

【应用】观姿型、观叶型、观花型常绿乔木状。特别适合配置于草坪或水体边。

三角椰

【学名】**Dypsis decaryi**（Jum.）Beentje et Dransf.

【分布】马达加斯加。

【识别】单干型，叶环痕显著，无冠茎，羽状叶整齐地排成3列，叶鞘外侧中央具一显著凸出的脊。

【栽培】阳性。播种繁殖。

【特色】叶排成3列。

【应用】观姿型、观叶型常绿灌木状。特别适合配置于草坪或水体边。

棕榈科

酒瓶椰

【学名】**Hyophorbe lagenicaulis**（L.Bailey）H. Moore

【分布】马斯克林群岛。

【识别】单干型，茎球形至酒瓶状，叶数5~6，羽片整齐地排成2列。

【栽培】阳性。生长缓慢。播种繁殖。

【特色】茎干球形至酒瓶状，花序初期向上伸展、弯曲，似牛角。

【应用】观姿型、观茎型、观叶型、观花型常绿灌木状。特别适合配置于花坛（图中酒瓶椰于1999年定植），也特别适合构筑影景景观和剪影景观（见图67）。

棕榈科

麦氏皱籽椰

【学名】**Ptychosperma macarthurii**（H. Wendl.）Nicholson

【分布】新几内亚岛至澳大利亚的约克角半岛。

【识别】本种与黄椰**Dypsis lutescens**（H. Wendl.）Beentje et Dransf.的树冠相似，但前者的羽片先端啮蚀状，后者的羽片先端尖。

【栽培】阳性。播种、分株繁殖。

【特色】茎干弧形，叶拱形，叶身椭圆状，凸显典雅清秀。果红色。与黄椰相比，叶尖不容易干枯。

【应用】观姿型、观果型常绿灌木状。特别适合配置于高架桥下的隔离带，也特别适合配置于草坪、建筑物或水体边。国外有地方将其作为大型盆栽植物，夏季置于室外，冬季置于室内。

大王椰（王棕）

【学名】**Roystonea regia**（Kunth）Cook

【分布】中美洲、西印度群岛及美国佛罗里达南端。

【识别】幼株仅基部膨大，后中部也膨大；冠茎绿色，羽片排成多个平面。本种和黄花王椰**R. borinquena** O.F.Cook相似，但前者雄花白色，后者雄花黄色。

【栽培】阳性。抗风性最强的树木之一。播种繁殖（第一年仅少量种子发芽，次年大部分种子发芽）。

【特色】茎干膨大。

【应用】观姿型、观茎型常绿乔木状。可构筑影景景观和剪影景观（见图61、图68）。可单植、列植、丛植，特别适合配置于草坪、建筑物或水体边。尤其适合台风频发地区。

琉球椰

【学名】**Satakentia liukiuensis**（Hatusima）H. Moore

【分布】琉球群岛。

【识别】单干型，叶环痕紧密，羽片排列成一平面，叶柄长约10 cm，叶鞘形成显著的紫色冠茎。

【栽培】阳性。播种繁殖。

【特色】冠茎紫色。

【应用】观姿型、观茎型、观叶型常绿乔木状。可构筑影景景观和剪影景观。可单植、列植、丛植，特别适合配置于草坪、建筑物或水体边。

狐尾椰

【**学名**】**Wodyetia bifurcata** A. Irvine

【**分布**】澳大利亚昆士兰。

【**识别**】本种与银叶狐尾椰**Normanbya normanbyi**（W. Hill）L. Bailey均为复羽片分裂，但前者茎中部明显膨大，冠茎、叶绿色，小羽片11~17，内果皮具很多粗而硬的如浮雕般镶嵌在果核上的纤维，胚乳均匀；后者茎不膨大，冠茎、叶背粉绿色，小羽片7~9，内果皮无上述"浮雕"，胚乳嚼烂状。

【**栽培**】阳性。播种繁殖。

【**特色**】叶复羽状分裂，小羽片密集排列，似狐狸尾巴，故称为"狐尾椰"；果红色。

【**应用**】观姿型、观叶型、观花型、观果型常绿乔木状。可单植、列植，特别适合配置于草坪或水体边（见图15），丛植时可产生迷幻感。本种是近期最流行的棕榈植物。

银叶狐尾椰

水烛

【**学名**】**Typha angustifolia** L.

【**分布**】北半球广布。

【**识别**】植株高1m以上，基部无鞘状叶，叶片背面凸起，但不呈龙骨状，雄花序轴密生褐色扁柔毛，雌花具小苞片。

【**栽培**】阳性。分株繁殖。

【**特色**】花序似蜡烛，生于水中，故称为"水烛"。

【**应用**】观花型多年生草本植物。"水陆两栖"——可定植于水中，也可定植于陆地。

红叶姬凤梨

【学名】**Cryptanthus acaulis**（Lindl.）Beer 'Rubra'

【分布】姬凤梨的栽培品种。

【识别】凤梨科超过两千种，品种超过一万种，其中，仅有凤梨和斑叶凤梨可食。限于篇幅，本章仅重点介绍3种（类）常用于做屏风、景墙和花柱的凤梨科植物。本种与姬凤梨相似，但叶缘为淡红至红褐色。

【栽培】喜半荫。组织培养或分株繁殖。

【特色】斑叶。

【应用】观叶型多年生草本植物。特别适合作景墙，也可作为小型盆栽或盆栽组合。

擎天凤梨

【学名】**Guzmania** Ruiz et Pav. Gp

【分布】栽培类群。

【识别】花序从叶丛中央竖直伸出，彩色苞片辐射状伸展，故称为"擎天凤梨属"。

【栽培】喜半荫。可将水浇入莲座状的叶基中（与君子兰不同），但需每周更新。组培繁殖。

【特色】彩色苞片辐射状伸展，似天上的星星，不同品种依据花序、颜色分别被称为红星凤梨、黄星凤梨、紫星凤梨等。

【应用】观叶型多年生草本植物。特别适合作花柱（左图中有2个黄星凤梨花柱和1个红星凤梨花柱，也是年宵盆栽花卉）。

凤梨科

松萝凤梨

【学名】**Tillandsia usneoides**（L.）L.

【分布】热带美洲。

【识别】附生草本，叶线形，密被绒毛，灰绿色。

【栽培】喜半荫。悬挂栽培。分株繁殖。

【特色】远看，本种下垂长达1m，与地衣植物的松萝相似，故称为"松萝凤梨"。

【应用】观姿型、观叶型多年生草本植物。特别适合悬挂作"植物屏风"。

灯心草科

灯心草

【学名】**Juncus effusus** L.

【分布】世界温暖地区广布。

【识别】灯心草属与同科其他属的主要区别是，叶无毛，叶鞘开放，蒴果种子多数。灯心草与同属其他种类的主要区别是，花序假侧生，外轮花被片长于内轮花被片，雄蕊3，稀为6。

【栽培】阳性。分株繁殖。

【特色】茎丛生、直立，圆柱形，叶全部为低出叶，呈鞘状或鳞片状，包围在茎的基部，远看似无叶。

【应用】观茎型多年生草本植物。特别适合配置于湿地或水体边。

风车草

【学名】**Cyperus involucratus** Rottb.（异名：*C. alternifolius L. subsp. flabelliformis* Kük.）

【分布】东非和西南亚。

【识别】本种与野生风车草 **C. alternifolius** L.相似，但总苞14~24，弯曲（左图中线形、绿色、辐射状排列的叶状物为总苞），后者总苞8~18，不弯曲。

【栽培】阳性。分株繁殖。

【特色】总苞14~24，辐射状排列，似棕榈科掌状深裂的叶片。

【应用】观花型多年生草本植物。特别适合配置于湿地或水体边。

  禾本科

大佛肚竹

【学名】**Bambusa vulgaris** Schrad. ex Wendl. 'Wamin'

【分布】龙头竹的栽培品种。

【识别】本种和佛肚竹**B. ventricosa** McClure的竿（特指禾本科中竹类的茎）的节间基部均显著膨大，但前者具枝刺，竿粗于5cm；后者无枝刺，竿细于5cm。市场上的"佛肚竹"多为大佛肚竹。

【栽培】阳性。母竹移植。

【特色】茎干绿色，节间基部显著膨大。

【应用】观茎型常绿木本植物。特别适合配置于花坛或作树篱。

三色紫背万年青

【学名】Tradescantia spathacea Sw. 'Dwarf Variegata'

【分布】紫背万年青的栽培品种。

【识别】本种与紫背万年青、金线紫背万年青 T. spathacea 'Vittata' 相似，但本种叶面具数条白色纵纹，紫背万年青没有纵纹，金线紫背万年青的纵纹为黄色。

【栽培】喜半荫。分株繁殖。

【特色】叶面具白色纵纹，叶缘桃红色，故称为"三色紫背万年青"。

【应用】观叶型多年生草本植物。叶色亮丽，故特别适合配置于高架桥下等较荫蔽的场所，也可盆栽。

旅人蕉

【学名】Ravenala madagascariensis Sonn.

【分布】马达加斯加。

【识别】与红籽蕉 Phenakospermum guyannense（A. Rich.）Endl. ex Miq.相似，但后者营养体矮于2 m，花序顶生。

【栽培】阳性。分株、播种繁殖。

【特色】旅人蕉型树冠，似一把大折扇；大型蝎尾状聚伞花序。

【应用】观姿型、观叶型常绿乔木。可构成独特的剪影景观（见图66）。应避免置于风口或密植。

【备注】鹤望兰科与姜目其他科的主要区别是，无香味，叶排成2列，无叶枕，胚珠每室多数，假种皮流苏状。鹤望兰科包括旅人蕉属、鹤望兰属和红籽蕉属，它们的假种皮依次为蓝色、橙色和红色。

鹤望兰（天堂鸟，极乐鸟蕉）

【学名】**Strelitzia reginae** Banks

【分布】南非。

【识别】鹤望兰属共5种又1亚种，叶呈套迭式2列互生。萼片橙色的共2种又1亚种，其中，鹤望兰和灯心草鹤望兰**S. juncea** Andrews的花瓣均为蓝色，但灯心草鹤望兰的叶片在成龄时已经退化，只剩下像灯心草一样的叶柄，白瓣鹤望兰**S. reginae** subsp. **mzimvubuensis** van Jaarsv.的花瓣白色；萼片乳白色的共3种，其中，尼古拉鸟蕉**S. nicolai** Regel et Körn. 的花瓣蓝色，大鸟蕉**S. alba**（L.f.）Skeels（同属中体型最大者）和白花鸟蕉**S. caudata** R. A. Dyer的花瓣近白色。

【栽培】阳性。分株、播种繁殖。经人工授粉和根外追肥，单果种子数可达90。

【特色】花萼与花瓣构成互补色。花序似仙鹤眺望远方。单朵花似展翅的小鸟，故又称"天堂鸟"。

【应用】观花型多年生草本植物。特别适合与山石相配或点缀，也可盆栽，常作高档切花。

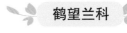

尼古拉鸟蕉

【学名】**Strelitzia nicolai** Regel et Körn.

【分布】南非、莫桑比克、津巴布韦。

【识别】本种与旅人蕉的叶相似，但前者的叶革质。本种的花与鹤望兰相似，但前者的萼片白色。

【栽培】阳性。分株、播种繁殖。

【特色】花序似鸟，叶似芭蕉叶，种加词源于人名——尼古拉，故称为"尼古拉鸟蕉"。

【应用】观姿型、观花型多年生草本植物。特别适合点缀、与山石相配。

金鸟蝎尾蕉

【学名】**Heliconia rostrata** Ruiz et Pav.

【分布】玻利维亚、哥伦比亚、厄瓜多尔、秘鲁。

【识别】蝎尾蕉科仅1属，超过200种，花序顶生，苞片鲜艳，生于"之"字形弯曲的花序轴。金鸟蝎尾蕉与金边蝎尾蕉 **H. marginata**（Griggs）Pittier相似，前者的苞片排成2列，后者的苞片排成多列。

【栽培】喜半荫。分株、播种繁殖。

【特色】苞片可达十几对，是蝎尾蕉科中苞片数最多的一种；苞片整齐排成似小鸟表演杂技悬停在空中；苞片鲜艳，先端黄色，似鸟嘴，故称为"金鸟蝎尾蕉"。

【应用】观花型多年生草本植物。特别适合配置于别墅或与山石相配。花序也用于大型插花。

地涌金莲

【学名】**Musella lasiocarpa**（Fr.）C. Y. Wu ex H. W. Li

【分布】中国云南和贵州。

【识别】芭蕉科包括3个属，即象腿蕉属 **Ensete** Bruce ex Horan.（茎单一）、地涌金莲属（茎丛生，花序直立，密集如球穗状）和芭蕉属（茎丛生，花序直立或下垂，绝不呈球穗状）。地涌金莲属仅1种。花序直立，直接生于假茎上，密集如球穗状；苞片（淡）黄色，干膜质，宿存，每一苞片内有花2列。

【栽培】阳性。分株繁殖。

【特色】花序大而鲜艳。

【应用】观花型多年生草本植物。"五树六花"之一。特别适合用于框景，可配置于窗前、花坛或山石边。

金脉美人蕉

【学名】**Canna × generalis** Bailey 'Striatus'
【分布】为大花美人蕉的栽培品种。
【识别】金脉美人蕉与大花美人蕉**C.anna × generalis** Bailey相似，但叶具黄色中脉和侧脉。
【栽培】阳性。分株繁殖。
【特色】斑叶；退化雄蕊花瓣状，彩色。
【应用】观叶型、观花型多年生草本植物。特别适合配置于花坛、山石、水体边。

花叶艳山姜

【学名】**Alpinia zerumbet**（Pers.）Burtt. et Sm. 'Variegata'
【分布】艳山姜的栽培品种。
【识别】与艳山姜相似，但叶具有侧脉平行的黄色斑纹。
【栽培】阳性。分株繁殖。
【特色】斑叶，花序下垂、柔美。
【应用】观叶型、观花型多年生草本植物。特别适合与山石相配或配置于花坛、水体边。

艳山姜

红白闭鞘姜

【学名】**Costus lucanusianus** J. Braun et K. Schum.

【分布】非洲中西部。

【识别】花冠管近白色，花冠裂片红色（但唇瓣杂以黄色，见右图）。

【栽培】阳性。分株繁殖。

【特色】花色鲜艳。

【应用】观花型多年生草本植物。特别适合配置于花坛或作地被花卉。

【备注】闭鞘姜原归于姜科，现提升为闭鞘姜科（共7属）。

粉叶肖竹芋

【学名】**Calathea lutea**（Aubl.）E. Mey. ex Schult.

【分布】巴西东部。

【识别】竹芋科的叶呈套叠式2列互生，叶具叶枕（叶柄顶端的增大部分）。本种的叶卵形，叶面绿色，无斑纹，叶背粉绿色。

【栽培】耐半荫。分株繁殖。

【特色】叶柄长、直立；叶背粉绿色。

【应用】观叶型多年生草本植物。特别适合与山石相配或配置于水体边。

红脉竹芋

【学名】**Maranta leuconeura** É.Morren var. **erythroneura** G.S.Bunting

【分布】巴西东部。

【识别】本种与原种的主要区别是，前者叶面具光泽，侧脉隆起；后者无光泽，侧脉无明显隆起。

【栽培】忌阳光直射。叶缘不容易干枯。分株繁殖。

【特色】叶面具天鹅绒般光泽，具隆起呈鱼骨状的玫瑰红侧脉，沿中脉具淡绿色的"之"字形图案。

【应用】观叶型多年生草本植物。优良的地被花卉，也特别适合作为盆栽花卉。

水竹芋

【学名】**Thalia dealbata** Fraser

【分布】美国南部。

【识别】叶套叠式2列互生，叶面、叶背均为绿色或具白粉而呈蓝绿色；花序直立，蓝紫色。20世纪90年代，笔者去某地植物园调查，遇到同行围着水竹芋看，大家以为是美人蕉科的植物，笔者也是第一次见到该植物，但根据的它的叶呈套叠式2列互生，判断肯定不是美人蕉科的植物，进一步观察，发现它具叶枕，故可以判定是竹芋科的植物，回到单位查证后，确认是水竹芋。

【栽培】耐半荫。抗污染。分株繁殖。

【特色】花序高出叶片，花蓝紫色。

【应用】观花型多年生草本植物。特别适合配置于水体边或水中，具有净化功能。

中文名索引

学名索引

参考文献

[1] 刘海桑. 观赏棕榈 [M]. 北京：中国林业出版社，2002.

[2] 刘海桑. 中国分类学文献中Livistona saribus之订正 [J]. 武汉植物学研究，2010，28（2）：239-242.

[3] 刘海桑. 鼓浪屿古树名木 [M]. 北京：中国林业出版社，2013.

[4] 刘海桑. 决策情报学——从概念、框架到应用 [M]. 厦门：厦门大学出版社，2018.

[5] 刘海桑，池敏杰. 中国分类学文献中Swietenia mahagoni之订正 [J]. 植物研究，2010，30（6）：660-663.

[6] 同济大学，重庆建筑工程学院，武汉建筑材料工业学院. 城市园林绿地规划 [M]. 北京：中国建筑工业出版社，1982.

[7] 王文卿，陈琼. 南方滨海耐盐植物资源（一）[M]. 厦门：厦门大学出版社，2013.

[8] 中国植物志编辑委员会. 中国植物志：第1-80卷 [M]. 北京：科学出版社，1959-2003.

[9] 中须贺常雄，高山正裕，金城道男. 冲绳のシャ图鉴 [M]. 那霸：ボーダーインタ，1992.

[10] APG. An update of the Angiosperm Phylogeny Group classification for the orders And families of flowering plants：APG IV [J]. Bot J Linn Soc，2016，181（1）：1-20.

[11] BARROW S. A monograph of Phoenix L.（Palmae：Coryphoideae）[J]. Kew Bull，（1998）53：513–575.

[12] BAUM D A . A systematic revision of *Adansonia*（Bombacaceae）[J]. Ann Mo Bot Gard，1995，82：440-470.

[13] DOWE J L. A Taxonomic account of *Livistona* R. Br.（Arecaceae）[J]. Gard Bull Sing，2009，60：185-344.

[14] DRANSFIELD J，Beentje H.The Palms of Madagascar [M].Richmond：Royal Botanic Gardens，Kew，1995.

[15] FOC Editorial Committee. Flora of China：1-25 [M]. Beijing：Science Press; St. Louis：Missouri Botanical Garden Press，1994-2013.

[16] GILMORE S，Hill K D. Relationships of the Wollemi pine（Wollemia nobilis）and a molecular phylogeny of the Araucariaceae [J]. Telopea，1997，7：275-291.

[17] GROSE S O，Olmstead R G. Taxonomic Revisions in the Polyphyletic Genus *Tabebuia* s.l.（Bignoniaceae）[J]. Syst Bot，2007，32：660-670.

[18] LIU H S. Taxonomic notes on Livistona（Palmae）in Flora of China [J]. 植物研究，2011，31（6）：644-648.

[19] LIU H S，LIU C Q. Revision of two species of Araucaria（Araucariaceae）in Chinese taxonomic literature [J]. J Syst Evol，2008，46（6）：933-937.

[20] LIU H S，MAO L M，Johnson D V. A Morphological Comparison of Phoenix reclinata and P. sylvestris（Palmae）Cultivated in China and Emendation of the Chinese Taxonomic Literature [J]. Makinoa N S，2010，8：1-10.

[21] LORENZI H. Árvores Brasileiras：Manual de Identificação e Cultivo de Plantas Arbóreas Nativas do Brasil，Vol 1，Ed 4 [M]. Nova Odessa，SP：Instituto Plantarum de Estudos da Flora，2002.

[22] MABBERLEY D J. Mabberley's plant-book：A portable dictionary of plants，their classifications，and uses，Ed 4 [M]. Cambridge：Cambridge Univ. Press，2017.

[23] PPG. A community-derived classification for extant lycophytes and ferns [J]. J Syst Evol，2016，54（6）：563-603.

[24] REHM S，Espig G. The Cultivated Plants of the Tropics and Subtropics [M]. Weikersheim：Verlag Josef Margraf，1991.